土建技术监督标准化手册及冀北地区典型案例汇编

国网冀北电力有限公司经济技术研究院　组编

·北京·

内 容 提 要

随着我国电网建设速度不断加快，电网装备水平不断提升，设备本质安全重要性日益凸显。开展技术监督工作能够严把入网设备质量关，保障电网安全稳定运行。土建技术监督是技术监督工作重要组成部分，针对其监督内容繁杂，专业性较强，标准化程度低，以及近年来GIS基础沉降、建筑渗漏水及回填土和架空线路基础施工质量控制不严等影响设备安全等情况，国网冀北电力有限公司经济技术研究院通过梳理国网公司及冀北公司相关技术监督文件，编制施工图审核、施工及运维检修阶段现场检查清单，探索土建技术监督标准化，有助于及时发现、解决相关问题，提升土建工程投运质量，对提高设备安全稳定运行起到了积极作用。本书介绍了国网公司及冀北公司技术监督体系和有关概念，详细阐述了GIS基础沉降、建筑防水、回填土压实及架空线路基础等技术监督要点，分享了一些典型案例。

本书可供土建施工、运维相关单位人员参考使用。

图书在版编目（CIP）数据

土建技术监督标准化手册及冀北地区典型案例汇编 / 国网冀北电力有限公司经济技术研究院组编. -- 北京 : 中国水利水电出版社, 2024. 10. -- ISBN 978-7-5226-2817-2

Ⅰ. TU712-65

中国国家版本馆CIP数据核字第2024KJ1264号

书　名	**土建技术监督标准化手册及冀北地区典型案例汇编** TUJIAN JISHU JIANDU BIAOZHUNHUA SHOUCE JI JIBEI DIQU DIANXING ANLI HUIBIAN
作　者	国网冀北电力有限公司经济技术研究院　组编
出版发行	中国水利水电出版社 （北京市海淀区玉渊潭南路1号D座　100038） 网址：www. waterpub. com. cn E-mail：sales@mwr. gov. cn 电话：（010）68545888（营销中心）
经　售	北京科水图书销售有限公司 电话：（010）68545874、63202643 全国各地新华书店和相关出版物销售网点
排　版	中国水利水电出版社微机排版中心
印　刷	天津嘉恒印务有限公司
规　格	170mm×240mm　16开本　7印张　170千字
版　次	2024年10月第1版　2024年10月第1次印刷
印　数	0001—1000册
定　价	**88.00**元

本书编委会

主　　编：石振江

副 主 编：周　毅　许　鹏　姜　宇

编写组成员：许　颖　李栋梁　孙　密　张立斌　吕　科　林　林　苏东禹　张金伟　刘洪雨　敖翠玲　韩　硕　訾振宇　李晗宇　谢景海　郭　嘉　田伟堃　陈俊逸

前言

随着我国电网建设速度不断加快，电网装备水平不断提升，设备本质安全重要性日益凸显。开展技术监督工作能够严把入网设备质量关，保障电网安全稳定运行。土建技术监督是国网冀北电力有限公司深入推进电网设备电气设备性能技术监督工作重要组成部分，然而其监督内容繁杂，专业性较强，标准化程度较差，缺乏相关经验的人员开展工作存在一定的困难。为全面落实国网公司技术监督工作要求，加强土建专项技术监督工作，国网冀北电力有限公司经济技术研究院梳理国网公司及冀北公司相关技术监督文件，结合土建技术监督现场经验，编制完成《土建技术监督标准化手册及冀北地区典型案例汇编》，有助于实现技术监督标准化，给技术监督工作人员高质量开展现场监督工作提供参考。

本书首先介绍了国网公司及冀北公司技术监督管理体系、技术体系和有关概念，同时对土建技术监督的原则、必要性及监督内容做了简要阐述，帮助工作人员了解土建技术监督来龙去脉和技术内涵。其次，根据国网公司及冀北公司相关技术监督文件，梳理土建技术监督各项目监督要点，编制施工图审核阶段、施工阶段及运维检修阶段检查清单，规范监督标准和检查方法，指导现场监督人员有依据、有准则开展技术监督工作，实现技术监督标准化。最后，归纳总结近几年土建现场监督发现的问题，深入剖析问题产生的原因，并对问题提出整改建议，指导有关单位采取有效措施处理相关问题，避免相似问题反复出现。

本书在编写过程中得到了国网冀北电力有限公司设备部、国网天津市电力公司经济技术研究院、国网福建省电力公司经济技术研究院、国网山东省电力公司经济技术研究院、北京送变电有限公司等现场施工单位的大力支持，在此表示衷心的感谢。

由于编者的经验和水平所限，书中难免有疏漏或不足之处，敬请广大读者批评指正。

作者

2024 年 9 月

目录

第一章 概述

1

一、技术监督管理体系

宗旨：进一步加强和规范国家电网有限公司技术监督工作，明确技术监督工作的组织机构、工作内容、工作要求和评估考核。

原则：实行统一制度、统一标准、统一流程、依法监督和分级管理的原则，坚持技术监督管理与技术监督执行分开、技术监督与技术服务分开、技术监督与日常设备管理分开，坚持技术监督工作独立开展。

范围：以提升设备全过程精益化管理水平为中心，以设备为对象，依据技术标准和预防事故措施并充分考虑实际情况，采用检测、试验、抽查和核查资料等多种手段，全过程、全方位、全覆盖地开展监督工作。

二、技术监督技术体系

《国网设备部关于印发2019年电网设备电气性能、金属及土建专项技术监督工作方案的通知》（设备技术〔2019〕15号）；

《国网设备部、发展部、基建部关于印发经研院所技术监督工作推进实施方案的通知》（设备技术〔2019〕70号）；

《国网设备部关于印发2020年电网设备电气性能、金属及土建专项技术监督工作方案的通知》（设备技术〔2019〕91号）；

《国网设备部关于印发2021年电网设备电气性能、金属及土建专项技术监督工作方案的通知》（设备技术〔2020〕86号）；

《国网设备部关于印发2022年电网设备电气性能、金属及土建专项技术监督工作方案的通知》（设备技术〔2021〕115号）；

《国网设备部关于开展材料技术监督及电气设备性能专项抽检检测工作的通知》（设备技术〔2023〕10号）；

《国网设备部关于开展材料技术监督及电气设备性能专项抽检检测工作的通知》（设备技术〔2024〕27号）。

三、技术监督概念

技术监督是指在工程建设全过程中，采用有效的检测、试验、抽查和核查资料等手段，监督公司有关技术标准和预防设备事故措施在各阶段的执行落实情况，分析评价电力设备健康状况、运行风险和安全水平，并反馈到发展、基建、运检、营销、科技、信通、物资、调度等部门，以确保电力设备安全可靠经济运行。

四、土建技术监督原则及必要性

土建技术监督原则：公平、公正、公开、独立（独立性、客观性、权威性）。

土建技术监督必要性：在运维检修及设备验收过程中出现了诸多土建专业的质量问题，譬如设备基础沉降、建筑物漏水等，严重的甚至已影响到设备运行。土建基础设施出现质量问题修复难度大。

土建技术监督重点：应重点解决多发易发问题，强化发现问题闭环管理，推动技术监督工作向精准化方向发展。

土建技术监督思路：以质量为中心，标准为依据，定量监测为手段，抓技术与抓管理双管齐下。深入分析问题产生的原因，找准发力点，制定系统性解决方案。

土建技术监督目的：在充分总结了解竣工验收，特别是运维检修阶段的问题的基础上，以如何解决典型问题为出发点，倒推到规划可研、工程设计、土建施工等阶段，找出并不断优化解决问题所应采取的技术措施，以及运维检修阶段所采取的维护措施。

五、2024年土建技术监督内容

依据文件：《国网设备部关于开展材料技术监督及电气设备性能专项抽检检测工作的通知》（设备技术〔2024〕27号）。

2023年土建类项目并入电气设备性能专项抽检中，包括室外GIS设备基础沉降、回填土压实、架空线路基础、建筑防水共四类项目。

2024年在2023年四类项目基础之上新增电缆通道、变电站排水、装配式建筑一体化墙板三类项目，国网冀北电力有限公司自选开展。

第二章 土建技术监督各项目监督要点

2

一、GIS基础沉降监督

（一）监督对象

对在建、投运1年内的、投运1年后且地质情况不良的220kV及以上变电站室外GIS设备基础（含采用独立基础的室内GIS设备基础）沉降情况进行监督，重点监督湿陷性黄土、膨胀土、冻土、盐渍土、红砂岩等特殊土地基基础工程以及大面积挖填站址、地质不均匀等地质情况复杂地区建设的变电站。

（二）监督标准

《工程测量通用规范》（GB 55018—2021）；

《工程测量标准》（GB 50026—2020）；

《建筑变形测量规范》（JGJ 8—2016）；

《电力工程施工测量标准 》（DL/T 5578—2020）；

《混凝土结构工程施工质量验收规范》（ GB 50204—2015）；

《建筑地基基础设计规范》（GB 50007—2011）。

（三）监督准备及事项

（1）变电站终版GIS设备基础施工图纸及电子版图纸（工程平面位置图及基准点分布图、沉降观测点位分布图），应包含监测的内容、范围和必要监测设施的位置统筹安排等说明。

（2）监测方案。

（3）基准点或工作基点的数据记录、沉降观测成果表、沉降观测过程曲线、沉降观测技术报告等数据。

（4）检查投入仪器及设备，见表2-1。

表2-1　检查投入仪器及设备

仪器、设备名称	数　量	备　注
水准仪	1	精度不低于DS05
因瓦水准标尺	2	满足《因瓦条码水准标尺检定规程》（JJG 2102—2013）要求
全站仪	1	可代替水准仪
变形监测软件	1	用于图面编辑、分析
裂缝宽度观测仪	1	分辨力不大于0.02mm
脚架	1	水准仪配套
尺垫	2	5kg

（四）监督项目、标准和方法

1. 施工图审核阶段

项目：对终版施工图纸中沉降变形监测的内容、范围和监测设施的位置统筹安排情况进行核查；对施工单位制定的监测方案或第三方监测单位制定的监测方案情况进行核查。

检查方法：

（1）主要核查 GIS 基础施工图、设备施工图等图纸是否有检测范围及要求的内容。

（2）核查监测方案内容是否完整，人员、设备组织情况及检测周期频率和预警情况。

（3）将核查后的结果反馈至《投运前室外 GIS 设备基础沉降专项监督报告》中。

沉降观测报告示意如图 2－1 所示，图纸上 GIS 基础沉降观测要求如图 2－2 所示。

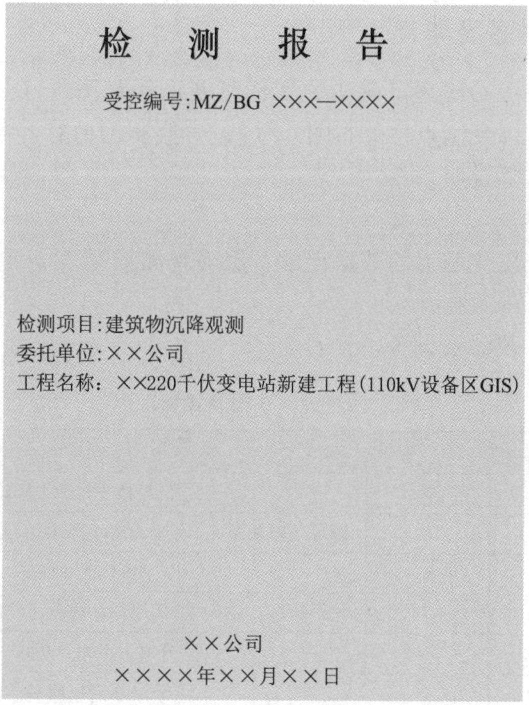

检 测 报 告

受控编号:MZ/BG ×××—××××

检测项目:建筑物沉降观测

委托单位:××公司

工程名称：××220千伏变电站新建工程(110kV设备区GIS)

××公司

××××年××月××日

图 2－1　沉降观测报告示意

沉降观测要求:沉降观测点的平面位置详见基础平面布置图所示。
施工阶段观测要求：主体结构施工完成后应观测1次，
填充墙砌筑完成后应观测1次，建筑内装饰及设备安装完成后应观测1次。
使用阶段观测要求：投运后第一年应观测4次，第二年至少观测2次，第三年及以后应至少观测1次，直至达到稳定状态为止。
有关沉降观测的其余未尽事宜见《工程测量通用规范》GB 55018—2021、《工程测量标准》GB 50026—2020。

图 2-2　图纸上 GIS 基础沉降观测要求

2. 竣工验收阶段

（1）复核报告中的仪器观测级别及精度，观测时间、频率、周期，沉降观测成果表及观测技术报告等成果资料。

（2）复核观测数据是否满足规范要求。

（3）GIS 基础混凝土结构有无严重贯穿性裂缝。

（4）工作基点设置及保护。

（5）沉降监测点设置位置、数量是否满足设计及规范要求。

项目 1：GIS 基础混凝土结构实体有无严重贯穿性裂缝

标准：依据《混凝土结构工程施工质量验收规范》（GB 50204—2015）第 8.1.2 条、第 8.2.1 条，现浇结构的外观质量不应有裂缝等严重缺陷。施工期，对裂缝观测精度要求为：混凝土构筑物、大型金属构件为 1mm，其他构件为 3mm。不均匀沉降引起多属贯穿性裂缝，其走向与沉降情况有关，一般与地面垂直或呈 30°～40°角方向发展，裂缝与不均匀沉降值成比例。

要点：现场认真观察每一个设备基础，发现多处贯穿性裂缝（图 2-3）要在裂缝最大处做好标记，采用裂缝测宽仪（图 2-4）测量宽度，并做好数据及位置记录。

检查方法：

（1）巡视 GIS 基础。

（2）判断裂缝属性。

（3）裂缝测量并记录数据及位置，将检查结果反馈至《投运前室外 GIS 设备基础沉降专项监督报告》中。

图 2-3　GIS 基础裂缝

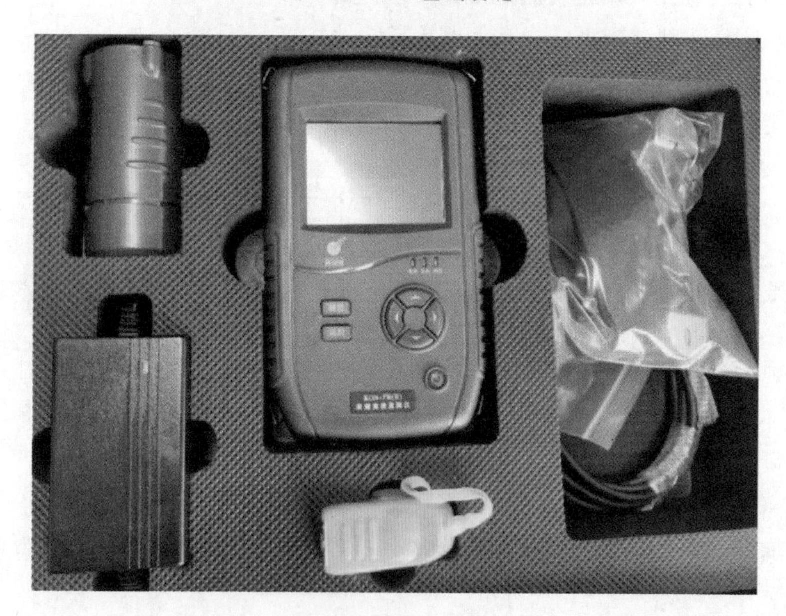

图 2-4　裂缝测宽仪

项目 2：基准点、工作基点设置

标准：依据《电力工程施工测量标准》(DL/T 5578—2020) 第 11.1.5 条要

求，基准点应设置在变形影响区域之外稳定的原状土层内，易长期保存，每个工程至少应有 3 个基准点；工作基点应选在比较稳定且方便使用的位置，竖向位移监测工作基点可采用深埋桩。基准点的埋设应符合下列规定：

（1）应将标石埋设在变形区以外稳定的原状土层内，或将标志镶嵌在裸露基岩上。

（2）应利用稳固的建（构）筑物设立墙水准点。

（3）当受条件限制时，在变形区内也可埋设深层钢管标或双金属标。

基准点现场图如图 2-5 所示。

图 2-5　基准点现场图

检查方法：

（1）基准点、工作基点个数是否满足要求。

（2）判断是否处于稳定状态。

（3）埋设是否按规范实施。

项目 3：沉降观测点设置

标准：沉降变形观测点设置标准、牢固。依据《国家电网有限公司输变电工程标准工艺-变电工程土建分册》（2022 版）设置“沉降观测点、位移监测点”，位置应满足《电力工程施工测量标准》（DL/T 5578—2020）第 11.4.9 条要求，即标志的立尺部位应突出、光滑、唯一，宜采用耐腐蚀、不易变形的金属材料；每个标志宜安装保护罩；标志应避开障碍物。数量满足 GIS 基础土建施工图及《电力工程施工测量标准》（DL/T 5578—2020）第 11.4.8 条要求，即应按设计图纸布设，并宜在 GIS 基础的四角、大转角及沿基础每 10～20m 处设置观测点。

检查方法：

（1）用手摇晃沉降观测点和保护罩的设置判断是否牢固。

（2）配件是否满足工艺标准。

（3）点位是否合理、是否避开障碍物。

（4）名牌设置位置是否合理、命名是否正确。

（5）布设是否按施工图要求。

沉降观测点设置如图 2-6 所示，沉降观测点如图 2-7 所示。

图 2-6　沉降观测点设置

图 2-7　沉降观测点

项目 4：观测级别及精度（资料检查）

标准：依据《电力工程施工测量标准》（DL/T 5578—2020）第 6.2.1 条、第 11.1.2 条要求，采用型号 DS05 水准仪、因瓦水准标尺或高精度全站仪，500kV 及以上变电站和换流站测量等级不应低于二等，其余不低于三等。

检查方法：

（1）观测等级检查：500kV 及以上变电站和换流站测量等级不应低于二等，其余不低于三等。

（2）仪器精度检查：检查观测报告中记录的仪器设备及编号，核查水准仪级别精度等级是否低于 DS05 级，因瓦水准标尺的类别是否满足要求，仪器设备误差是否高于规范限值。

要点：在较短的时间内完成；采用相同的观测路线和观测方法；使用同一仪器和设备；观测人员相对固定；测量开始前，应进行沉降观测方案设计和仪器、设备的校验。沉降观测等级不应低于二等（精度要求）；采用 DS05 型号水准仪、因瓦水准标尺；即水准仪视准轴与水准管轴的夹角 i 不应超过 10″；水准尺上的米间隔平均长与名义长之差不应超过0.15mm。

项目5：观测时间、频率、周期（资料检查）

标准：依据《电力工程施工测量标准》（DL/T 5578—2020）第11.4.10条要求，对GIS设备基础沉降观测报告中观测数据、观测次数进行核查，判定观测时间、周期和频率是否满足设计方案和规范要求。

《电力工程施工测量标准》（DL/T 5578—2020）对沉降观测周期及观测时间要求：

7.1.5 沉降观测的周期和观测时间应符合下列规定：

1 建筑施工阶段的观测应符合下列规定：

1） 宜在基础完工后或地下室砌完后开始观测；

2） 观测次数与间隔时间应视地基与荷载增加情况确定。民用高层建筑宜每加高2层～3层观测1次，工业建筑宜按回填基坑、安装柱子和屋架、砌筑墙体、设备安装等不同施工阶段分别进行观测。若建筑施工均匀增高，应至少在增加荷载的25%、50%、75%和100%时各测1次；

3） 施工过程中若暂时停工，在停工时及重新开工时应各观测1次，停工期间可每隔2月～3月观测1次。

2 建筑运营阶段的观测次数，应视地基土类型和沉降速率大小确定。除有特殊要求外，可在第一年观测3次～4次，第二年观测2次～3次，第三年后每年观测1次，至沉降达到稳定状态或满足观测要求为止。

3 观测过程中，若发现大规模沉降、严重不均匀沉降或严重裂缝等，或出现基础附近地面荷载突然增减、基础四周大量积水、长时间连续降雨等情况，应提高观测频率，并应实施安全预案。

4 建筑沉降达到稳定状态可由沉降量与时间关系曲线判定。当最后100d的最大沉降速率小于0.01mm/d～0.04mm/d时，可认为已达到稳定状态。对具体沉降观测项目，最大沉降速率的取值宜结合当地地基土的压缩性能来确定。

7.1.6 每期观测后，应计算各监测点的沉降量、累计沉降量、沉降速率及所有监测点的平均沉降量。根据需要，可按下式计算基础或构件的倾斜度α：

$$\alpha=(s_A-s_B)/L \tag{7.1.6}$$

式中 s_A、s_B——基础或构件倾斜方向上A、B两点的沉降量（mm）；

L——A、B两点间的距离（mm）。

检查方法：

（1）检查数据记录，在整个GIS设备施工期间，设备基础浇筑完成观测1次、设备安装完成1次，其中施工期每间隔3个月观测1次，原则上不少于3次；判断观测时间、周期和频率是否满足要求。

（2）核查数据记录是否完整，观测数据应包含沉降观测点所有关键点位。

（3）核查观测数据是否及时进行分析和判断，并形成观测成果。某工程沉降观测记录见表2-2。

表2-2　某工程沉降观测记录表

点名	2018年11月20日			2019年4月23日			2019年9月20日			2019年11月8日		
	首次标高（m）	本次沉降（mm）	累计沉降（mm）	首次标高（m）	本次沉降（mm）	累计沉降（mm）	首次标高（m）	本次沉降（mm）	累计沉降（mm）	首次标高（m）	本次沉降（mm）	累计沉降（mm）
CJ067	1384.784	0	0	1384.784	0	0	1384.784	0	0	1384.7841	0.1	0.1
CJ068	1384.786	0	0	1384.786	0	0	1384.786	0	0	1384.7863	0.3	0.3
CJ069	1384.787	0	0	1384.787	0	0	1384.787	0	0	1384.7872	0.2	0.2
CJ070	1384.784	0	0	1384.784	0	0	1384.784	0	0	1384.7842	0.2	0.2
CJ071	1384.787	0	0	1384.787	0	0	1384.787	0	0	1384.7871	0.1	0.1
CJ072	1384.786	0	0	1384.786	0	0	1384.786	0	0	1384.7862	0.2	0.2
CJ073	1384.782	0	0	1384.782	0	0	1384.782	0	0	1384.7821	0.1	0.1
CJ074	1384.785	0	0	1384.785	0	0	1384.785	0	0	1384.7853	0.3	0.3
CJ075	1384.781	0	0	1384.781	0	0	1384.781	0	0	1384.7811	0.1	0.1
工程状态	基础完工			土建交安前			设备安装后			设备安装后		
仪器型号	DSZ2			DSZ2			DSZ2			DNA03/331661		
观测人	×××			×××			×××			×××		
校核人	×××			×××			×××			×××		

项目6：沉降观测成果表及观测技术报告等成果资料（资料检查）

标准：依据《电力工程施工测量标准》（DL/T 5578—2020）第11.4.14条要求，采用资料检查方式，对沉降观测成果进行核查，检查成果是否完整，复核结论是否异常。

检查方法：

（1）检查成果资料是否完整、齐全、规范，是否包含工程平面位置图及基准点分布图、沉降观测点位分布图、沉降观测成果（图2-8）、沉降观测过程曲线、沉降观测检测报告（图2-9）等文件。

（2）核查成果记录数据是否准确，是否对数据进行了判断、分析和总结，是否存在异常情况和预警。

统一编号：2023-××-××-×××　　检验检测编号：××××

观测点编号	第3次 2023.12.14			第4次 2023.12.29		
	本次沉降量（mm）	累计沉降量（mm）	沉降速率（mm/d）	本次沉降量（mm）	累计沉降量（mm）	沉降速率（mm/d）
1	2.38	5.28	0.16	2.26	7.64	0.15
2	2.79	5.45	0.19	2.22	7.67	0.15
3	2.69	5.57	0.18	2.24	7.81	0.15
4	2.61	5.41	0.17	2.41	7.82	0.16
5	2.48	5.24	0.17	2.67	7.91	0.18
6	2.33	5.15	0.16	2.52	7.67	0.17
7	2.54	5.34	0.17	2.49	7.83	0.17
8	2.41	5.17	0.16	2.39	7.56	0.16
9	2.51	5.16	0.17	2.61	7.77	0.17
10	2.89	5.60	0.19	2.40	8.00	0.16
11	2.33	4.96	0.16	2.30	7.26	0.15
12	2.39	4.80	0.16	2.51	7.31	0.17
13	2.65	5.06	0.18	2.11	7.17	0.14
14	2.39	5.15	0.16	2.62	7.77	0.17
平均	2.53	5.24	0.17	2.41	7.65	0.16

观测点编号	第5次 2024.01.13			第6次 2024.01.28		
	本次沉降量（mm）	累计沉降量（mm）	沉降速率（mm/d）	本次沉降量（mm）	累计沉降量（mm）	沉降速率（mm/d）
1	2.08	9.62	0.14	1.80	11.42	0.12
2	1.91	9.58	0.13	1.97	11.55	0.13
3	2.25	10.06	0.15	1.86	11.92	0.12
4	2.32	10.14	0.15	1.79	11.93	0.12
5	2.25	10.16	0.15	1.72	11.88	0.11
6	2.01	9.68	0.13	1.71	11.39	0.11
7	2.39	10.22	0.16	1.75	11.97	0.12
8	2.01	9.57	0.13	1.75	11.32	0.12
9	2.18	9.95	0.15	1.78	11.73	0.12
10	2.48	10.48	0.17	1.85	12.33	0.12
11	2.01	9.27	0.13	2.09	11.36	0.14
12	2.36	9.67	0.16	1.76	11.43	0.12
13	2.35	9.52	0.16	1.80	11.32	0.12
14	1.96	9.61	0.13	1.96	11.57	0.13
平均	2.18	9.82	0.15	1.83	11.65	0.12

图2-8　沉降观测成果

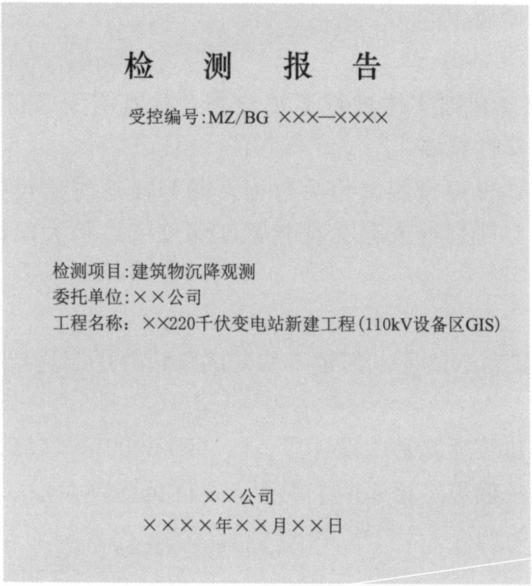

检　测　报　告

受控编号:MZ/BG ×××—××××

检测项目:建筑物沉降观测
委托单位:××公司
工程名称:××220千伏变电站新建工程(110kV设备区GIS)

××公司
××××年××月××日

图 2－9　沉降观测检测报告

3. 运检阶段

(1) 工作基点设置复核。

(2) GIS基础混凝土结构实体有无严重贯穿性裂缝，与投运时比较变化情况。

(3) 实测沉降差，判定不均匀沉降趋势是否达到稳定状态。

(4) 复核资料报告和沉降速率。

项目1：工作基点设置复核

标准：对投运1年内的、投运1年后且地质情况不良的220kV及以上变电站的基准点、GIS设备基础沉降观测点的位置、数量和布置方式等进行现场巡视检查。

检查方法：

(1) 检查基准点设置及个数。

(2) 检查基准点布设情况。

(3) 检查标志及铭牌情况。

项目2：GIS基础混凝土结构实体有无严重贯穿性裂缝，与投运时比较变化情况

标准：现场检查GIS设备基础有无严重贯穿性裂缝，与投运时比较宽度、

深度是否有进一步发展。

检查方法：

（1）对GIS设备基础实体进行巡视检查；检查有无裂缝并判断裂缝属性，检查是否为严重贯穿性裂缝。

（2）用裂缝测宽仪测量裂缝相关数据，并与投运时比较宽度、深度对比是否变大，如存在贯穿性裂缝或存在裂缝宽度深度继续扩大的情况，需立即采取相应措施。

项目3：实测沉降差，判定不均匀沉降趋势是否达到稳定状态

标准：依据《建筑地基基础设计规范》（GB 50007—2011）第5.3.4条结合地基土类别确定，一般规定相邻两个观测点之间沉降差大于0.1%时，要求会同有关单位采取相应措施。

检查方法：

（1）按二等水准观测及平差解算。

（2）计算相邻点的沉降差。

（3）施工图上量取所要的相邻点的距离。

（4）采用《建筑地基基础设计规范》（GB 50007—2011）中的计算公式计算沉降差。

《建筑地基基础设计规范》（GB 50007—2011）关于沉降差计算原则：

G.0.1 基础相对倾斜值，应按式（G.0.1）进行计算。

$$\Delta S_{AB}=\frac{S_A-S_B}{L} \tag{G.0.1}$$

式中 ΔS_{AB}——基础相对倾斜值；

S_A、S_B——倾斜段两端观测点A、B的沉降量（m）；

L——A、B间的水平距离（m）。

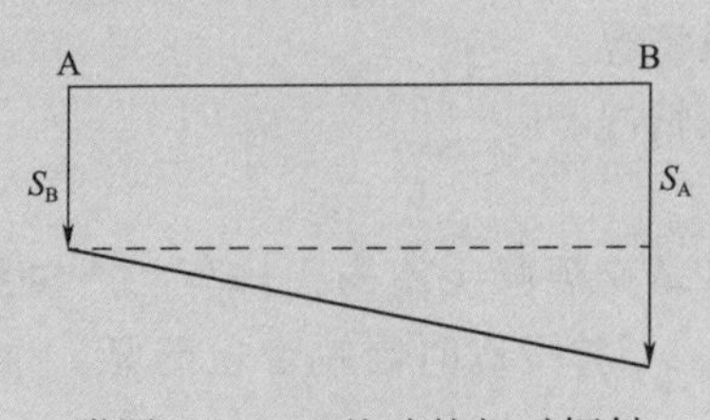

附图G.0.1　基础的相对倾斜

项目 4：复核资料报告和沉降速率

标准：核查和分析成果资料，判定不均匀沉降趋势是否达到稳定状态。

检查方法：

（1）检查成果表判断数据是否存在异常情况。

（2）复核沉降速率，是否进入稳定阶段。

（五）监督整改要求

观测期间出现变形、相邻观测点间沉降差超标、GIS 设备基础裂缝快速扩大等问题，分析原因并限期整改。

二、建筑防水监督

（一）监督对象

对 220kV 及以上新建变电站工程的主要生产建筑物（主控楼、配电装置楼、保护小室等）防水及影响设备安全运行的构件（屋顶风机、雨水管、钢结构隅撑）位置进行监督。

（二）监督标准

《地下工程防水技术规范》（GB 50108—2008）；

《混凝土强度检验评定标准》（GB 50107—2010）；

《普通混凝土配合比设计规程》（JGJ 55—2011）；

《地下防水工程质量验收规范》（GB 50208—2011）；

《屋面工程技术规范》（GB 50345—2012）；

《变电（换流）站土建工程施工质量验收规范》（Q/GDW 10183—2021）；

《变电站装配式钢结构厂房　施工工艺》（2019 年 9 月版）；

《国家电网有限公司输变电工程标准工艺　变电工程变电分册》（2022 版）；

《高压穿墙瓷套管》（GB/T 12944—2011）；

《电力工程工艺节点详图》（2020 年 12 月版）；

《屋面工程质量验收规范》（GB 50207—2012）。

（三）监督准备及事项

（1）施工图阶段相关图纸（土建总说明、建筑结构说明、结构施工图）建议施工项目部、监理项目部应准备以下材料备查。

（2）建筑专业施工图、结构专业施工图、暖通专业施工图、电气一次专业各层电气平面布置图。

（3）混凝土配合比设计试验报告、地下水防水结构混凝土抗渗试验报告、混凝土强度试验报告及强度评定表、迎水面钢筋保护层厚度检测报告、相关施工记录及照片（含施工过程、验收、结构尺寸测量等）

（四）监督项目、标准和方法

1. 施工图审核阶段

监督项目： 核查终版施工图的地下室防水混凝土设计尺寸（结构厚度及迎水面钢筋保护层厚度）和构件（屋顶风机、雨水管、钢结构隅撑）设置位置。

检查材料： 建筑专业施工图、结构专业施工图、暖通专业施工图、电气一次专业各层电气平面布置图。某工程图纸中混凝土保护层厚度设计说明如图 2－10 所示。

说明：

1、混凝土强度等级：池体 C30防水混凝土（抗渗等级 P6），垫层 C15。混凝土保护层：底板 40mm，池外壁 50mm，其他 25mm。钢筋：HRB400（⌀），HPB300（Φ）。钢材：Q235B。

图 2－10　某工程图纸中混凝土保护层厚度设计说明

检查方法：

（1）防水混凝土结构厚度不应小于 250mm。

（2）地下室防水混凝土设计尺寸，迎水面钢筋保护层厚度不应小于 50mm。

（3）屋顶风机设置、雨水管位置、钢结构隅撑位置。

2. 土建施工阶段监督

（1）地下室防水混凝土：抗渗混凝土结构厚度、裂缝宽度；抗渗混凝土迎水面钢筋保护层厚度；抗渗混凝土施工配合比、试配混凝土抗渗等级；混凝土抗压强度评定。

（2）构件位置：屋顶风机、雨水管设置；钢结构隅撑位置。

（3）重点易渗漏部位防水密封质量：出屋面设施泛水高度检测；女儿墙泛水高度检测；穿墙套管倾斜方向、防水密封；钢结构台度及室外平台。

项目 1：抗渗混凝土结构厚度、裂缝宽度

标准：《地下工程防水技术规范》（GB 50108—2008）第 4.1.7 条规定，防水混凝土结构厚度不应小于 250mm；裂缝宽度不得大于 0.2mm，并不得贯通。

检查方法：

（1）查看抗渗混凝土结构施工图，确定结构设计厚度，现场检查中对抗渗混

凝土结构厚度进行实测抽查。抗渗混凝土结构厚度现场测量如图2-11所示。

图2-11　抗渗混凝土结构厚度现场测量图

（2）对抗渗混凝土结构进行表观检查，查看是否存在裂缝，如发现裂缝，则采用混凝土裂缝测宽仪对裂缝宽度进行测量。

项目2：抗渗混凝土迎水面钢筋保护层厚度

标准：钢筋保护层厚度指最外层钢筋外边缘至混凝土表面的距离。《地下工程防水技术规范》（GB 50108—2008）第4.1.7条规定，混凝土迎水面钢筋保护层厚度不应小于50mm。

检查方法：

（1）如现场条件允许，优先采用实测法实测混凝土钢筋保护层厚度，实测设备可采用钢卷尺和钢筋探测仪。

1）钢卷尺实测：混凝土浇筑前，采用钢卷尺实测最外侧钢筋至模板之间的距离。

2）钢筋探测仪实测：混凝土浇筑后，工程隐蔽前，采用钢筋探测仪检测。混凝土保护层厚度检测应依据《混凝土结构现场检测技术标准》（GB 50784—2013）第9.3条规定进行。

（2）如现场不具备实测条件，可通过检查混凝土钢筋保护层厚度检测报告，关注报告中混凝土迎水面部位的保护层厚度，如地下室墙体外侧、事故油池墙体外侧等部位。

项目3：抗渗混凝土的施工配合比、试配混凝土的抗渗等级检查

标准：《地下防水工程质量验收规范》（GB 50208—2011）第4.1.7条规定，防水混

凝土的配合比应经实验确定，并应符合以下规定：①试配要求的抗渗水压值应比设计值提高 0.2MPa；②水胶比不得大于 0.5，有侵蚀性介质时水胶比不宜大于 0.45。

检查方法：检查抗渗混凝土施工配合比设计试验报告，试配混凝土的抗渗等级应比设计等级提高一级，试配混凝土的抗渗水压值应比设计值提高 0.2MPa。如设计抗渗等级为 P6（对应抗渗水压值为 0.6MPa），则配合比设计报告中试配抗渗等级应为 P8，抗渗水压值为 0.8MPa；同时检查混凝土水胶比不得大于 0.5。同时，还应结合混凝土抗渗试验报告判断混凝土实际抗渗能力。

混凝土配合比设计报告如图 2-12 所示。混凝土抗水渗透性能检测报告如图 2-13 所示。

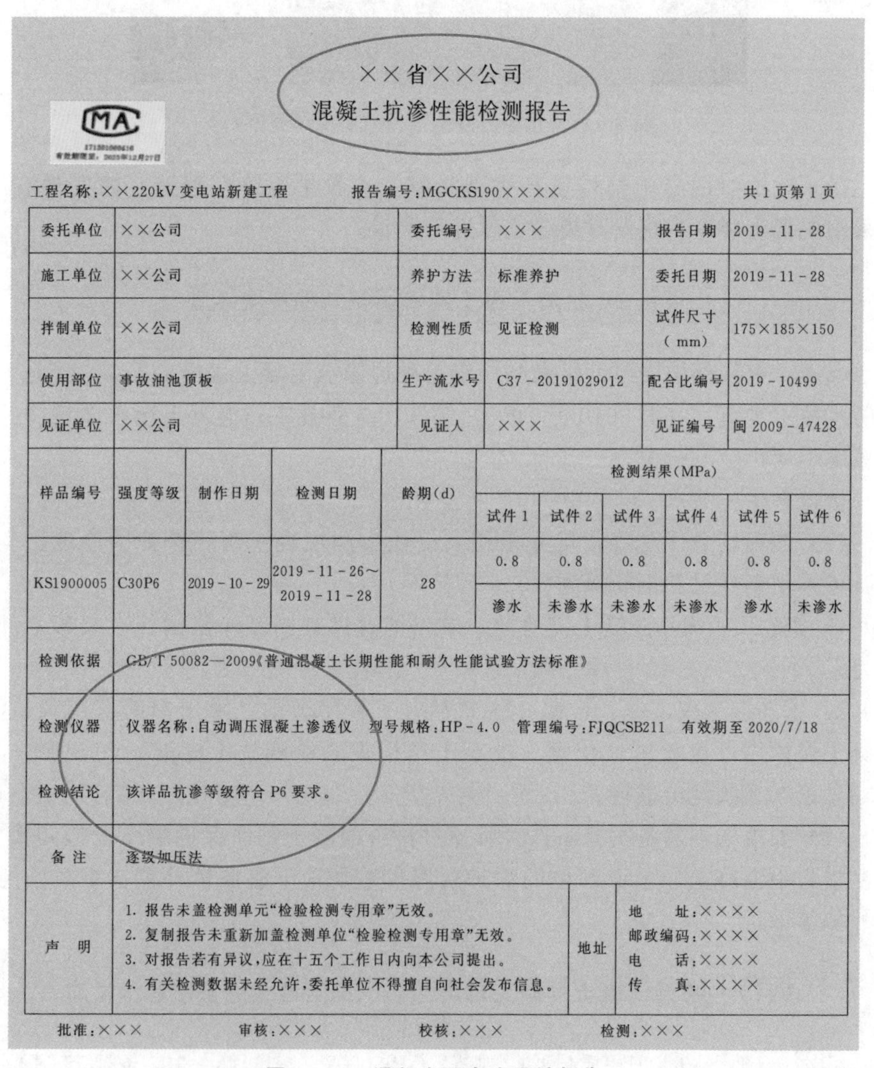

××省××公司

混凝土抗渗性能检测报告

MA

工程名称：××220kV 变电站新建工程　　报告编号：MGCKS190××××　　共 1 页第 1 页

委托单位	××公司	委托编号	×××	报告日期	2019-11-28
施工单位	××公司	养护方法	标准养护	委托日期	2019-11-28
拌制单位	××公司	检测性质	见证检测	试件尺寸（mm）	175×185×150
使用部位	事故油池顶板	生产流水号	C37-20191029012	配合比编号	2019-10499
见证单位	××公司	见证人	×××	见证编号	闽 2009-47428

样品编号	强度等级	制作日期	检测日期	龄期(d)	检测结果(MPa)					
					试件 1	试件 2	试件 3	试件 4	试件 5	试件 6
KS1900005	C30P6	2019-10-29	2019-11-26～2019-11-28	28	0.8	0.8	0.8	0.8	0.8	0.8
					渗水	未渗水	未渗水	未渗水	渗水	未渗水

检测依据	GB/T 50082—2009《普通混凝土长期性能和耐久性能试验方法标准》		
检测仪器	仪器名称：自动调压混凝土渗透仪　型号规格：HP-4.0　管理编号：FJQCSB211　有效期至 2020/7/18		
检测结论	该详品抗渗等级符合 P6 要求。		
备注	逐级加压法		
声明	1. 报告未盖检测单元“检验检测专用章”无效。 2. 复制报告未重新加盖检测单位“检验检测专用章”无效。 3. 对报告若有异议，应在十五个工作日内向本公司提出。 4. 有关检测数据未经允许，委托单位不得擅自向社会发布信息。	地址	地　址：×××× 邮政编码：×××× 电　话：×××× 传　真：××××

批准：×××　　审核：×××　　校核：×××　　检测：×××

图 2-12　混凝土配合比设计报告

混凝土抗水渗透性能检测报告

委托编号：W23010××××　　试验编号：KS2301××××　　报告编号：B23010××××

<table>
<tr><td>委托单位</td><td colspan="3">××公司</td><td>委托日期</td><td colspan="2">2023-01-12</td></tr>
<tr><td>工程名称</td><td colspan="3">××220千伏变电站工程</td><td>检测日期</td><td colspan="2">2023-02-02～
2023-02-04</td></tr>
<tr><td>工程地点</td><td colspan="3">—</td><td>报告日期</td><td colspan="2">2023-02-10</td></tr>
<tr><td>工程部位</td><td colspan="3">配电装置楼基础筏板</td><td>委托方
试样编号</td><td colspan="2">—</td></tr>
<tr><td>取样单位</td><td colspan="3">××公司</td><td>取样人</td><td colspan="2">×××</td></tr>
<tr><td>见证单位</td><td colspan="3">××公司</td><td>见证人</td><td colspan="2">×××</td></tr>
<tr><td>设计等级</td><td colspan="3">C30　P6</td><td>试件尺寸
（mm）</td><td colspan="2">ϕ185×150×ϕ175</td></tr>
<tr><td>成型日期</td><td colspan="3">2023-01-05</td><td>龄期（d）</td><td colspan="2">28</td></tr>
<tr><td>养护方法</td><td colspan="3">标准养护</td><td>代表批量</td><td colspan="2">$500m^3$</td></tr>
<tr><td>预拌混凝土
生产厂家</td><td colspan="3">—</td><td>配合比编号</td><td colspan="2">—</td></tr>
<tr><td>样品说明
及状态</td><td colspan="3">试件完整无缺棱掉角</td><td>检验类别</td><td colspan="2">委托检验</td></tr>
<tr><td>试件序号</td><td>1</td><td>2</td><td>3</td><td>4</td><td>5</td><td>6</td></tr>
<tr><td>最大水压力
（MPa）</td><td>0.6</td><td>0.6</td><td>0.6</td><td>0.6</td><td>0.6</td><td>0.6</td></tr>
<tr><td>渗水状况</td><td>未渗水</td><td>未渗水</td><td>未渗水</td><td>未渗水</td><td>未渗水</td><td>未渗水</td></tr>
<tr><td>依据标准</td><td colspan="6">GB/T 50082—2009</td></tr>
<tr><td>检测结论</td><td colspan="6">该试件经试验达到P6抗渗等级。</td></tr>
<tr><td>备注</td><td colspan="6">—</td></tr>
<tr><td>声　明</td><td colspan="6">1. 本检测报告无检测专用章和计量认证专用章无效；无检测、审核、批准签字无效；未经同意复印检测报告无效；若有异议或需要说明之处，请于收到报告之日起十五日内书面提出，逾期视为无异议。
2. 联系地址：××市××区××庄××村（××××××××）。联系电话：×××。邮政编码：×××。本报告试验结果仅对来样负责。</td></tr>
</table>

检测单位：×××　　批准：×××　　审核：×××　　检测：×××

图2-13　混凝土抗水渗透性能检测报告

项目4：混凝土抗压强度评定检查

标准：《混凝土强度检验评定标准》（GB 50107—2010）第5.2条规定，当用于评定的样本容量小于10组时，按非统计方法评定混凝土强度，当混凝土强度小于C60时，同一检验批混凝土立方体抗压强度的平均值应不小于1.15倍混凝土立方体抗压强度标准值，最小值应不小于0.95倍的混凝土立方体抗压强度标准值；当混凝土强度不小于C60时，同一检验批混凝土立方体抗压强度的平均值应不小于1.10倍混凝土立方体抗压强度标准值，最小值应不小于0.95倍的混凝土立方体抗压强度标准值。

检查方法：检查抗渗混凝土试块抗压强度检测报告（图2-14）和抗压强度统计及验收记录表（图2-15），参照《混凝土强度检验评定标准》（GB 50107—2010）第5.2条评定标准，判断混凝土强度是否满足强度要求。若对抗压强度检测报告存疑或抗压强度不足，可采用混凝土回弹仪，对混凝土强度进行现场检测。

混凝土试块抗压强度检测报告

委托编号：××× 样品编号：××× 报告编号：×××

委托单位	××公司			委托日期	2024年05月17日
工程名称	××220kV开关站新建工程			检测日期	2024年05月17日
工程地点	××××			报告日期	2024年05月17日
工程部位	二次电缆沟，设备基础			委托方试样编号	—
取样单位	××公司			取样人	×××
见证单位	××公司			见证人	×××
设计等级	C35			试件尺寸（mm）	100×100×100
养护方法	同条件养护600℃·d	样品数量	3块	代表批量	63立方米
预拌混凝土生产厂家	××公司			配合比编号	DP-C35-06
样品说明及状态	无缺棱掉角、符合检测要求			检验类别	委托检检
成型日期	破型日期	龄期（d）	单块强度值（MPa）	强度代表值（MPa）	达到设计强度（%）
2024年04月14日	2024年05月17日	33	56.8	53.0	151
			50.0		
			52.3		

图2-14 混凝土试块抗压强度检测报告

混凝土试块抗压强度统计及验收记录

工程名称：×××220千伏变电工程　　　　编号：×××

<table>
<tr><th>序号</th><th>试件代表部位</th><th>设计强度等级</th><th>试块报告编号</th><th>龄期(d)</th><th>试块组强度代表值
$f_{cu,1}$(N/mm²)</th><th colspan="3">数理统计</th><th colspan="2">非数理统计</th><th>说明</th></tr>
<tr><td>1</td><td>事故油池垫层</td><td>C15</td><td>B022-01912</td><td>28</td><td>18.5</td><td colspan="3" rowspan="2">$n_{fcu} \geqslant f_{cu,k}+\lambda_1 \cdot S_{fcu}$
$f_{cu,min} \geqslant \lambda_2 \cdot S_{cu,k}$</td><td colspan="2" rowspan="2">$n_{fcu} \geqslant 1.15 f_{cu,k}$
$f_{cu,min} \geqslant 0.95 f_{cu,k}$</td><td rowspan="7"></td></tr>
<tr><td>2</td><td>主变构架垫层</td><td>C15</td><td>B022-04189</td><td>28</td><td>18.2</td></tr>
<tr><td>3</td><td>防火墙垫层浇筑</td><td>C15</td><td>B022-02983</td><td>28</td><td>18.3</td><td rowspan="7">计算数据</td><td colspan="4" rowspan="3">1. n_{fcu}^{m}　18.175.4. λ_1^{m}　1.15
2. S_{fcu}^{m}　2.5.6. λ_2^{m}　0.95
3. $f_{cu,min}$　17.7.6 n^{m}　4</td></tr>
<tr><td>4</td><td>主变基础垫层浇筑</td><td>C15</td><td>B022-02984</td><td>28</td><td>17.70</td></tr>
<tr><td></td><td></td><td></td><td></td><td></td><td></td></tr>
<tr><td></td><td></td><td></td><td></td><td></td><td></td><td rowspan="2">试块组数 n</td><td rowspan="2">10～14</td><td rowspan="2">15～19</td><td rowspan="2">≥20</td></tr>
<tr><td></td><td></td><td></td><td></td><td></td><td></td></tr>
<tr><td></td><td></td><td></td><td></td><td></td><td></td><td>λ_1</td><td>1.15</td><td>1.05</td><td>1.95</td><td rowspan="2"></td></tr>
<tr><td></td><td></td><td></td><td></td><td></td><td></td><td>λ_2</td><td>0.8</td><td colspan="2">0.85</td></tr>
<tr><td></td><td></td><td></td><td></td><td></td><td></td><td rowspan="6">计算结果</td><td colspan="3" rowspan="3">强度值标差
$S_{fcu}=\sqrt{\frac{(\sum_{i=1}^{n} f_{cu,i}^{2}-mm_{fcu}^{2}}{n-1}}$</td><td rowspan="3">$n_{fcu}^{m}$　18.175
$f_{cu,min}^{m}$　17.7</td><td rowspan="3"></td></tr>
<tr><td></td><td></td><td></td><td></td><td></td><td></td></tr>
<tr><td></td><td></td><td></td><td></td><td></td><td></td></tr>
<tr><td></td><td></td><td></td><td></td><td></td><td></td><td colspan="4" rowspan="3">根据《混凝土强度检验评定标准》(GB/T 50107—2010)。
本检验批混凝土生产强度质量控制水平评定为：
合格</td><td rowspan="3"></td></tr>
<tr><td></td><td></td><td></td><td></td><td></td><td></td></tr>
<tr><td></td><td></td><td></td><td></td><td></td><td></td></tr>
</table>

图 2-15　混凝土试块抗压强度统计及验收记录

项目5：屋顶风机及雨水管设置

标准：屋顶风机设置应避开设备的带电部位。雨水管禁止设置在电气设备上部，且雨水管出水口禁止指向电气设备，避免管道脱落时砸到电气设备或雨水管破裂时雨水滴落到电气设备上。不宜设置墙体内或屋内排水。

检查方法：

(1) 观察屋顶风机是否位于设备的带电部位上方。屋顶风机下方不能有电气设备，如图 2-16 所示。

(2) 观察排水管设置位置是否合理；同时还应检查雨水管落水口处是否有杂物堵塞，影响排水效果。

图 2-16 屋顶风机下方
不能有电气设备

项目 6：钢结构隅撑位置设置

标准：隅撑，指梁与檩之间、柱与檩之间的支撑杆。隅撑位置不应与电缆竖井、通风管道、设备支架、设备、楼梯等位置相冲突、碰撞，以免影响使用及设备运行。现场隅撑位置如图 2-17 所示。

图 2-17 现场隅撑位置

检查方法：核查装配式站房钢结构设计图，检查隅撑位置是否与电缆竖井、通风管道、设备支架、设备、楼梯等位置相冲突。

项目 7：出屋面设施泛水高度检测

标准：《屋面工程技术规范》（GB 50345—2012）、《变电（换流）站土建工程施工质量验收规范》（Q/GDW 10183—2021）要求规定，出屋面管道、空调室外机底座、屋顶风机口应用柔性防水卷材做泛水，其高度不小于 250mm（管道泛水不小于 300mm），上口用管箍或压条，将卷材上口压紧，并用密封材料封严。设施基座应在地脚螺丝周围作密封处理。

检查方法：采用钢卷尺直接测量防水侧自泛水收口处高度（一般在监督检查时，防水层上方已铺贴保温层、找平层、保护层或其他面层，该面层可按 50mm 厚度予以考虑），如图 2－18 所示。同时检查泛水收头设置是否满足规范及设计要求，防水卷材是否出现脱胶、鼓包、开裂等质量问题，如图 2－19 所示。

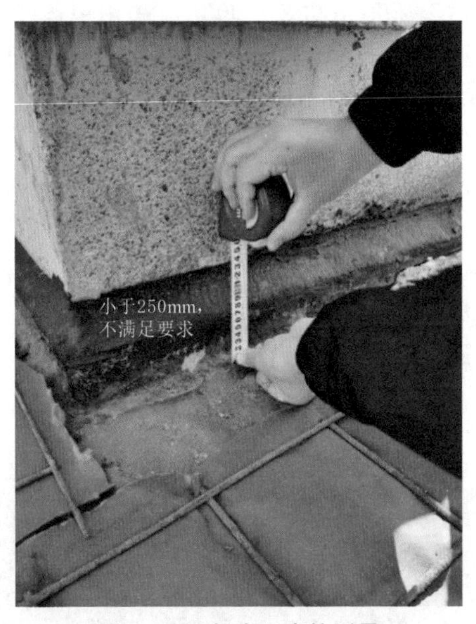

图 2－18　钢卷尺直接测量

图 2－19　屋面设备基础防水卷材脱落

项目8：女儿墙防水高度检测

标准：女儿墙泛水及上端压条检查应按照《屋面工程技术规范》（GB 50345—2012）、《变电（换流）站土建工程施工质量验收规范》（Q/GDW 10183—2021）要求执行，女儿墙泛水高度不小于250mm。女儿墙压顶应采用混凝土或金属制品，压顶向内排水坡度不应小于5%，压顶内侧下端应作滴水处理，卷材收头应采用金属压条钉压固定，并用密封材料封严。

装配式变电站按照《变电站装配式钢结构厂房 施工工艺》（2019年9月版）第二章施工标准工艺中7压顶及收边安装施工标准工艺施工要点（5）和第三章施工标准工艺设计图集中夹芯板（横向排版）女儿墙、避雷带要求执行，女儿墙处防水卷材铺贴至压顶下口，压顶板应采用一体板，压顶板拼缝应通过压边、防水压条和密封胶进行结构防水。屋面避雷带、GPS及OPGW管等应从女儿墙侧面压顶下方引出，压顶表面严禁开孔。

项目9：穿墙套管倾斜方向和防水密封

标准：穿墙套管倾斜方向应满足《高压穿墙瓷套管》（GB/T 12944—2011）附录B要求，安装板厚度 S 不大于50mm，穿墙套管法兰安装面对水平线的倾斜角 α，在墙的一侧为户外时，推荐 α 约5°，其他情况也可取为0°。

检查方法：现场观察穿墙套管是否向内倾斜(不应向内倾斜，如图2-20所示)。

图2-20 穿墙套管内侧

标准：穿墙套管防水密封应满足根据《国家电网有限公司输变电工程标准工艺　变电工程变电分册》（2022 版）第 3 章第 10 节要求，安装钢板与孔洞缝隙封堵严实，中间钢板与瓷件法兰结合面胶合牢固，并涂以性能良好的防水胶。

检查方法：观察穿墙套管实体，检查安装钢板与预留孔洞缝隙封堵情况、穿墙套管或法兰盘安装情况、中间钢板与瓷件法兰结合面打胶情况应良好，如图 2－21 所示。结合检查隐蔽工程验收记录及施工照片。

图 2－21　穿墙套管安装孔隙打胶封堵情况

项目 10：外墙防水节点构造做法

标准：台度应依据《变电站装配式钢结构厂房　施工工艺》（2019 年 9 月版）第二章施工标准工艺中 13 台度-施工要点中构造要求：外墙台度构造应符合设计要求。当设计无明确要求时，外墙台度宜与最下层外墙板及下部混凝土墙形成构造防水，排水坡度不小于 5%，突出墙面宽度 10～20mm。当不能采用构造防水时，应设置内外两道防水。外墙台度应与最下层外墙板及下部混凝土墙贴合密闭，防护虫鼠灾害。外墙台度之间拼接应避免搭接拼接，宜在端部设置折边。折边采用密拼拼接，当采用不锈钢材质时也可现场焊接拼接。墙角转角处台度应采用预制整体台度。雨水较多地区应在台度内侧设置挡水坎，挡水坎高度不低于 200mm。

检查方法：核查装配式站房建筑设计图，检查台度构造与外墙板缝的设计要求与《变电站装配式钢结构厂房　施工工艺》（2019 年 9 月版）的相关要求是否一致。外墙台度构造如图 2－22 所示，金属台度详图如图 2－23 所示。

标准：室外平台应依据《电力工程工艺节点详图》（2019 年 9 月版）外伸平

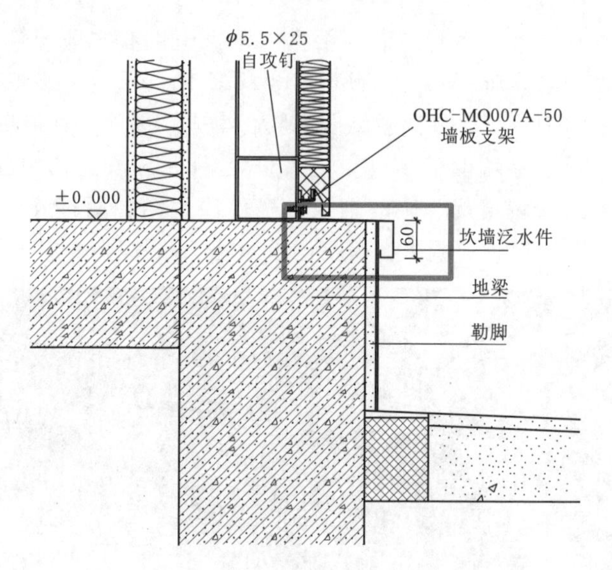

图 2-22　外墙台度构造图

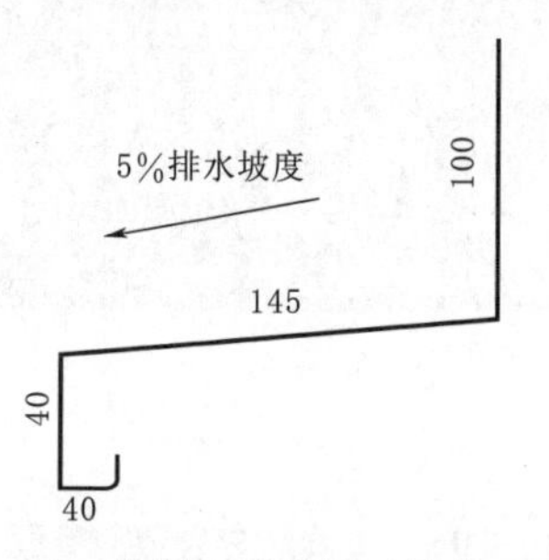

图 2-23　金属台度详图（单位：mm）

台收边要求，室外平台应向水落口找坡，与外墙交接处设置挡水坎及台度。

检查方法：核查装配式站房建筑设计图，检查室外平台与外墙交接处与《电力工程工艺节点详图》（2019 年 9 月版）的相关要求是否一致。

三、回填土压实系数

（一）监督对象

对新建 220kV 及以上变电站工程大面积填土地基回填土填料选用、填料级配、压实系数进行监督；对基坑回填、场区平整填方工程的填料选择、压实系数进行监督；对填方边坡、挡土墙墙背的回填土填料选用、压实系数进行监督；对一级边坡（含砌石挡墙工程、高边坡等）的变形监测、外观质量、施工资料、工程验收资料及试验报告进行监督；对设计提出有监测要求的边坡进行监督。

（二）监督标准

《建筑地基基础设计规范》（GB 50007—2011）；
《建筑地基基础工程施工规范》（GB 51004—2015）；
《变电（换流）站土建工程施工质量验收规范》（Q/GDW 10183—2021）；
《建筑地基处理技术规范》（JGJ 79—2012）；
《建筑边坡工程技术规范》（GB 50330—2013）；
《建筑边坡工程施工质量验收标准》（GB/T 51351—2019）；
《挡土墙（重力式、衡重式、悬臂式）》（17J008）；
《砌体结构工程施工规范》（GB 50924—2014）；
《国家电网有限公司输变电工程标准工艺　变电工程土建分册》（2022版）。

（三）监督准备及事项

（1）施工图设计图纸：土建总图、四通一平施工图中站区场地平整、道路平面布置图、边坡平面布置图、建筑基础施工图。

（2）回填土压实系数试验报告（包括场地平整和基坑回填）。

（3）回填土地基承载力试验报告、施工记录。

（4）回填土施工过程照片、施工记录（场地平整、基坑回填、现场分层取样照片）。

（5）砂、砂石地基处理原材料试验报告（级配检测报告）。

（6）砂、砂石地基处理压实系数检验报告。

（7）砂、砂石地基处理施工记录、照片。

（8）砂和砂石地基检验批质量验收记录。

（9）土石方工程施工记录、隐蔽记录。

（10）填方边坡回填土分层压实施工记录、填方边坡施工质量检验报告、工程验收记录。

（11）砌石挡墙墙背回填土填料选用、压实系数试验报告。

（12）一级边坡及设计提出有监测要求的边坡监测方案。

（四）监督项目、标准和方法

1. 施工图审核阶段

项目1：核查压实系数控制值

标准：《建筑地基基础设计规范》（GB 50007—2011）第6.3.7条规定，压实填土的质量以压实系数控制，并应根据结构类型、压实填土所在部位按表6.3.7确定，各垫层的压实标准见表4.2.4。

《建筑地基基础设计规范》（GB 50007—2011）对压实填土地基压实系数控制值的规定：

表6.3.7　压实填土地基压实系数控制值

结构类型	填土部位	压实系数 λ_c	控制含水量（%）
砌体承重及框架结构	在地基主要受力层范围内	≥0.97	$w_{op}\pm2$
	在地基主要受力层范围以下	≥0.95	
排架结构	在地基主要受力层范围内	≥0.96	
	在地基主要受力层范围以下	≥0.94	

注　1. 压实系数（λ_c）为填土的实际干密度（ρ_d）与最大干密度（ρ_{dmax}）之比；w_{op}为最优含水量；
2. 地坪垫层以下及基础底面标高以上的压实填土，压实系数不应小于0.94。

《建筑地基处理技术规范》（JGJ 79—2012）对各垫层的压实标准的规定：

表4.2.4　各种垫层的压实标准

施工方法	换填材料类别	压实系数 λ_c
碾压振密或夯实	碎石、卵石	≥0.97
	砂夹石（其中碎石、卵石占全重的30%～50%）	
	土夹石（其中碎石、卵石占全重的30%～50%）	
	中砂、粗砂、砾砂、角砾、圆砾、石屑	
	粉质黏土	≥0.97
	灰土	≥0.95
	粉煤灰	≥0.95

注　1. 压实系数λ_c为土的控制干密度ρ_d与最大干密度ρ_{dmax}的比值；土的最大干密度宜采用击实试验确定；碎石或卵石的最大干密度可取$2.1t/m^3$～$2.2t/m^3$；
2. 表中压实系数λ_c系使用轻型击实试验测定土的最大干密度ρ_{dmax}时给出的压实控制标准，采用重型击实试验时，对粉质黏土、灰土、粉煤灰及其他材料压实标准应为压实系数λ_c≥0.94。

《建筑地基处理技术规范》（JGJ 79—2012 ）对压实填土相关说明：

（1）场地挖方区应从高到低，填方区应从低到高进行施工，在填土前应清除耕植土、树根等杂物，若表层土为松土，应夯实后再回填；当回填底部为斜坡时，应先开挖成1∶2台阶，再回填夯实。每层土回填，压实后需测定压实后土的干容重，检验其压实系数和压实范围符合设计要求后，才能填筑上层。各层施工缝应错开搭接，并在施工缝处适当增加压实遍数。要求场地填土最大粒径不大于 200mm，对不符合要求的石块应进行清除或处理，保证压实系数不小于 0.94（基础底填土不小于 0.97）。

（2）场地基坑回填时应分层进行，分层厚度 200～300mm，分层压实系数未注明时不小于 0.94。施工质量检验必须分层进行，应在每层的压实系数符合设计要求后铺填上层土。

检查方法：检查总图施工图、三通一平施工图中站区场地平整、道路平面布置图、边坡平面布置图、建筑基础施工图中，对填土压实系数和压实填土填料选择的要求，是否满足《建筑地基处理技术规范》（JGJ 79—2012 ）。

项目 2：核查压实填土的填料选择是否满足规范要求

标准：《建筑地基处理技术规范》（JGJ 79—2012）第 6.2.2 条第 1 款规定，压实填土的填料可选用粉质黏土、灰土、粉煤灰、级配良好的砂土或碎石土，以及质地坚硬、性能稳定、无腐蚀性和无放射性危害的工业废料等，并应满足下列要求：

（1）以碎石土作填料时，其最大粒径不宜大于 100mm。

（2）以粉质黏土、粉土作填料时，其含水量宜为最优含水量，可采用击实试验确定。

（3）不得使用淤泥、耕土、冻土、膨胀土以及有机质含量大于 5%的土料。

（4）采用振动压实法时，宜降低地下水位到振实面下 600mm。

检查方法：检查总图施工图、三通一平施工图中站区场地平整、道路平面布置图、边坡平面布置图、建筑基础施工图中，对填土压实系数和压实填土填料选择的要求，是否满足《建筑地基处理技术规范》（JGJ 79—2012 ）。

2. 土建施工阶段

（1）检查采用的砂和砂石地基材料及压实填土填料。

（2）检查回填土压实系数及地基承载力特征值。

（3）检查边坡及填方挡土墙的填料、原材料及压实系数。

（4）检查一级边坡及设计提出有监测要求的边坡是否制定监测方案，检查监测次数。

（5）检查挡土墙的砌体结构质量、泄水孔与疏水层设置。

（6）场地平整及二次回填材料压实系数实测实量。

项目 1：检查压实填土填料

标准：《建筑地基基础工程施工规范》（GB 51004—2015）第 4.3.1 条采用砂和砂

石地基的材料应符合下列规定：①宜采用颗粒级配良好的砂石，砂石的最大粒径不宜大于 50mm，含泥量不应大于 5%；②采用细砂时应掺入碎石或卵石，掺量应符合设计要求；③砂石材料应去除草根、垃圾等有机物，有机物含量不应大于 5%。

《建筑地基处理技术规范》（JGJ 79—2012）第 6.2.2 条第 1 款规定，压实填土的填料可选用粉质黏土、灰土、粉煤灰、级配良好的砂土或碎石土，以及质地坚硬、性能稳定、无腐蚀性和无放射性危害的工业废料等。

检查方法：检查砂和砂石回填隐蔽工程验收记录、砂和砂石地基检验批质量验收记录(图 2-24)，其中需要明确砂石材料配合比、压实系数、地基承载力、石料粒径、含水率、砂石料有机质含量、砂石料含泥量、分层厚度等内容是否满足规范要求。

表 3　砂和砂石地基检验批质量验收记录

编号：××××

单位（子单位）工程名称	室外给排水及雨污水系统建(构)筑物	分部（子分部）工程名称	地基与基础（地基工程）	分项工程名称	砂和砂石地基
施工单位	××公司	项目经理	×××	检验批容量	大开挖基础：$181m^2$
分包单位	××公司	分包项目经理	×××	检验批部位	站区东侧室外雨水、消防管道
施工依据	《建筑地基基础工程施工规范》（GB 51004—2015）		验收依据	《建筑地基基础工程施工质量验收标准》（GB 50202—2018）	

验收项目			设计要求及规范规定	最小/实际抽样数量	检查记录	检查结果
主控项目	1	地基承载力	设计值：	最小：/ 实际：/	/	/
	2	配合比	设计值：	最小：/ 实际：/	/	/
	3	压实系数	设计值：0.9	最小： 实际：3	试验合格	合格
一般项目	1	砂石料有机质含量	≤5%	最小： 实际：3	试验合格	合格
	2	砂石料含泥量	≤5%	最小： 实际 3	试验合格	合格
	3	砂石料粒径	≤50mm	最小： 实际 3	试验合格	合格
	4	分层厚度	±50mm	最小：13 实际：13	检查 13 处，合格 13 处	100%

图 2-24　某工程砂和砂石地基检验批质量验收记录

项目 2：检查回填土压实系数及地基承载力特征值

标准：

(1)《建筑地基基础设计规范》（GB 50007—2011）第 6.3.7 条规定，压实填土的质量以压实系数控制，并应根据结构类型、压实填土所在部位及压实系数控制值按表 6.3.7 确定。注意，地坪垫层以下及基础底面标高以上的压实填土，压实系数不应小于0.94。根据《建筑地基处理技术规范》（JGJ 79—2012）第4.2.4条要求，换填垫层的压实标准可按表4.2.4选用。

（2）《建筑地基处理技术规范》（JGJ 79—2012）第6.2.4条第4款规定，地基承载力验收检验可通过静载荷试验并结合动力触探、静力触探、标准贯入等试验结果判定。每个单体工程静载荷试验不应少于3点，大型工程可按单体工程的数量或面积确定检验点数。

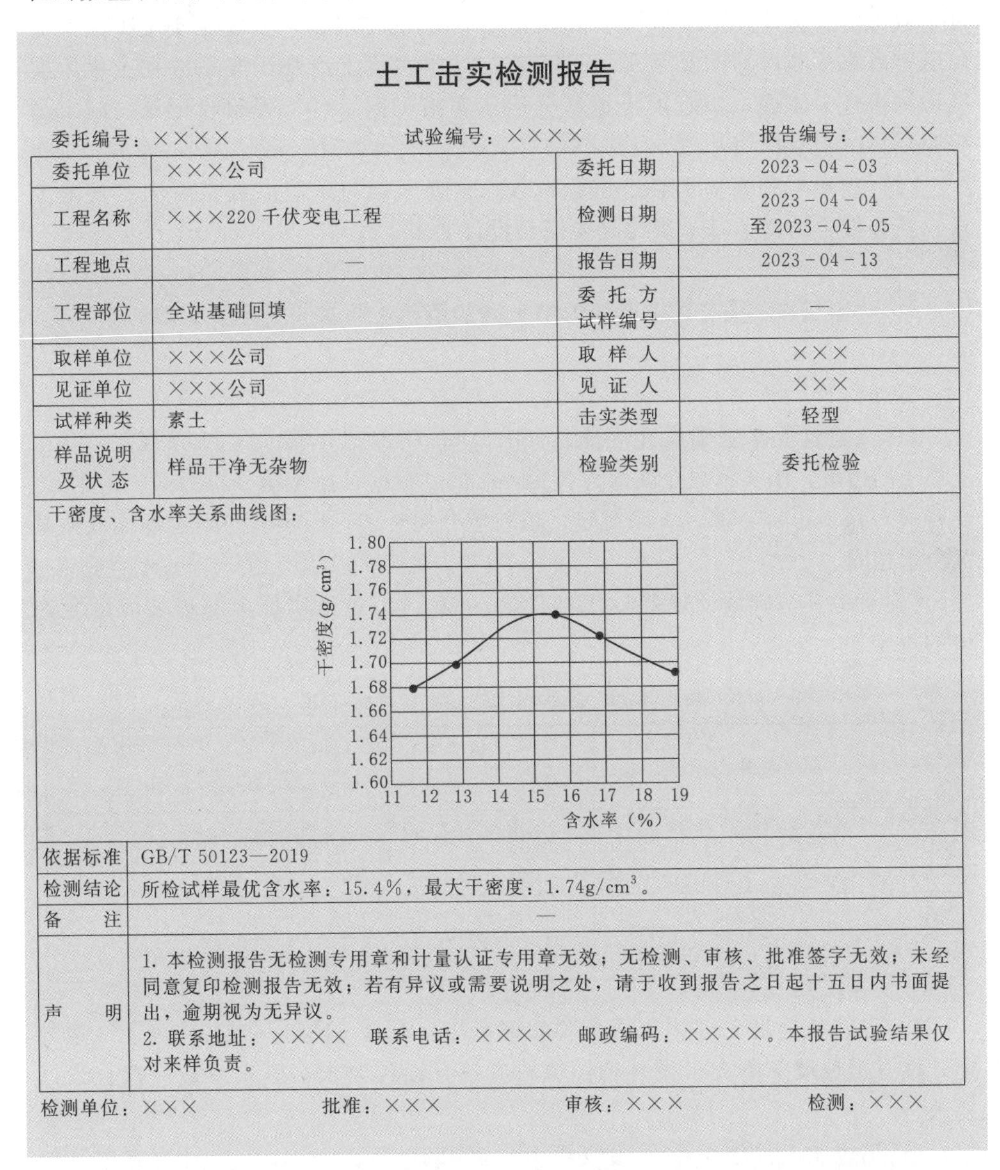

土工击实检测报告

委托编号：××××　　试验编号：××××　　报告编号：××××

委托单位	×××公司	委托日期	2023-04-03
工程名称	×××220千伏变电工程	检测日期	2023-04-04 至2023-04-05
工程地点	—	报告日期	2023-04-13
工程部位	全站基础回填	委托方试样编号	—
取样单位	×××公司	取样人	×××
见证单位	×××公司	见证人	×××
试样种类	素土	击实类型	轻型
样品说明及状态	样品干净无杂物	检验类别	委托检验

干密度、含水率关系曲线图：

依据标准	GB/T 50123—2019
检测结论	所检试样最优含水率：15.4%，最大干密度：1.74g/cm³。
备注	—
声明	1. 本检测报告无检测专用章和计量认证专用章无效；无检测、审核、批准签字无效；未经同意复印检测报告无效；若有异议或需要说明之处，请于收到报告之日起十五日内书面提出，逾期视为无异议。 2. 联系地址：××××　联系电话：××××　邮政编码：××××。本报告试验结果仅对来样负责。

检测单位：×××　　批准：×××　　审核：×××　　检测：×××

图2-25　土壤击实检测报告

(3)《建筑地基处理技术规范》(JGJ 79—2012)第6.2.2条第9款规定，压实填土的地基承载力特征值应根据现场静载荷试验确定，或可通过动力触探、静力触探等试验，并结合静载荷试验结果确定。

检查方法：

(1)先核查施工图纸对填土压实系数的要求，再查看压实填土的土壤击实检测报告（图2-25）和土壤压实度检测报告（或土壤质量密度试验报告）。通过土壤击实试验确定土壤最大干密度 ρ_{dmax} 和最优含水量，土壤压实度检测为分层压实后取样测得的压实后实际干密度 ρ_d，压实填土地基压实系数在土壤压实度检测报告中体现；检查填土地基分层压实施工记录、工程验收记录、施工过程照片，试验取样照片。

(2)查看压实地基承载力试验报告，核查承载力试验点数是否满足规范要求，核查报告结论地基承载力是否满足设计要求。

项目3：检查边坡及填方挡土墙的填料、原材料及压实系数

标准：

(1)《建筑地基基础设计规范》(GB 50007—2011)第6.3.11条规定，对压实填土的边坡，压实系数允许值为0.94～0.97。根据《挡土墙（重力式、衡重式、悬臂式）》(17J008)第9.3条规定，填料应分层夯实；压实度与附近场地或路基的要求相同。

《建筑地基基础设计规范》(GB 50007—2011)对压实填土的边坡坡度允许值的规定：

表6.3.11　压实填土的边坡坡度允许值

填土类型	边坡坡度允许值（高宽比）		压实系数 λ_c
	坡高在8m以内	坡高为8m～15m	
碎石、卵石	1∶1.50～1∶1.25	1∶1.75～1∶1.50	0.94～0.97
砂夹石（碎石、卵石占全重30%～50%）	1∶1.50～1∶1.25	1∶1.75～1∶1.50	
土夹石（碎石、卵石占全重30%～50%）	1∶1.50～1∶1.25	1∶2.00～1∶1.50	
粉质黏土，黏粒含量 $\rho_c \geqslant 10\%$ 的粉土	1∶1.75～1∶1.50	1∶2.25～1∶1.75	

(2)《建筑边坡工程施工质量验收规范》(GB/T 51351—2019)第4.3条规定，填方边坡坡率不大于设计值；填料应符合设计要求；压实系数应符合设计要求。

《建筑边坡工程施工质量验收规范》(GB/T 51351—2019)对填方边坡的规定：

4.3　填方边坡

4.3.1　填方边坡施工质量检验应符合表 4.3.1 的规定。

表 4.3.1　填方边坡施工质量检验

项目	序号	检验项目	允许偏差	检查数量	检验方法
主控项目	1	坡率	不大于设计值	每一检验批，不应少于 2 处	仪器测量
	2	填料	设计要求	每一检验批，不应小于 2 处	观察、现场量测或取样检测
	3	压实系数	设计要求	抽样数量为每 $400m^2$ 不应少于 1 处，且每一检验批检验数量不应少于 3 处	取样检测
	4	标高（mm）	+50，−100	每一检验批，不应少于 2 处	仪器测量
一般项目	1	坡面平整度（mm）	±50	每一检验批，不应少于 2 处	尺量，观察
	2	平台宽度（mm）	0，+100	每一检验批，不应小于 2 处	尺量
	3	坡脚线偏位（mm）	+300，−50	全数	仪器测量

检查方法：

（1）查看填土边坡部位压实填土土壤击实试验报告和土壤质量密度试验报告，核查压实系数是否满足设计和规范要求，压实系数允许值为 0.94～0.97；查看填方边坡回填土分层压实施工过程照片，试验取样照片。

（2）检查填方边坡回填土分层压实施工记录、填方边坡施工质量检验报告、工程验收记录，其中填方边坡施工质量检验报告中应对边坡坡率、填料、压实系数、标高等项目进行检验。

项目 4：检查一级边坡及设计提出有监测要求的边坡是否制定监测方案，检查监测次数

标准：《建筑边坡工程技术规范》（GB 50330—2013）第 19.1.1 条、第 19.1.2 条要求，边坡塌滑区有重要建（构）筑物的一级边坡工程施工时，必须对坡顶水平位移、垂直位移、地表裂缝和坡顶建（构）筑物变形进行监测；边坡工程应由设计提出监测项目和要求，由业主委托有资质的监测单位编制监测方案，监测方案应包括监测项目、监测目的、监测方法、测点布置、监测项目报警值和信息反馈制度等内容，经设计、监理和业主等共同认可后实施；根据《建筑边坡工程技术规范》（GB 50330—2013）第19.1.4条，边坡工程监测应符合下列规定：边坡工程监测的坡顶位移观测，应在每一典型边坡段的支护结构顶部设置不少于3个监测点的观测网，观测位移量、移动速度和移动方向；边坡工程施工初期，监测宜每天一次，且应根据地质环境复杂程度、周边建（构）筑物、管线对边坡变形敏感程度、气候条件和监测数据调整监测时间及频率；当出现险情时应加强监测；一级永久性边坡工程竣工后的监测时间不宜少于2年。

检查方法：

（1）查看边坡变形监测方案：根据《建筑边坡工程技术规范》（GB 50330—2013）第19.1.2条要求，边坡工程由业主委托有资质的监测单位编制监测方案，监测方案应包括监测项目、监测目的 、监测方法、测点布置、监测项目报警值和信息反馈制度等内容，经设计、监理和业主等共同认可后实施。监测方案应包含图2-26所示内容。

（2）查看边坡变形监测方案：根据《建筑边坡工程技术规范》（GB 50330—2013）第19.1.3条要求，边坡工程可根据安全等级、地质环境、边坡类型、支护结构类型和变形控制要求，按表19.1.3选择监测项目。

《建筑边坡工程技术规范》（GB 50330—2013）对边坡工程监测项目的规定：

表19.1.3　边坡工程监测项目表

测试项目	测点布置位置	边坡工程安全等级		
		一级	二级	三级
坡顶水平位移和垂直位移	支护结构顶部或预估支护结构变形最大处	应测	应测	应测
地表裂缝	墙顶背后1.0H（岩质）～1.5H（土质）范围内	应测	应测	选测
坡顶建（构）筑物变形	边坡坡顶建筑物基础、墙面和整体倾斜	应测	应测	选测
降雨、洪水与时间关系	—	应测	应测	选测
锚杆（索）拉力	外锚头或锚杆主筋	应测	选测	可不测
支护结构变形	主要受力构件	应测	选测	可不测
支护结构应力	应力最大处	选测	选测	可不测
地下水、渗水与降雨关系	出水点	应测	选测	可不测

目录

一、工程简介……1

1.1 工程概况……1

1.2 工程地质……1

1.3 水文地质……3

二、监测目的及依据……3

2.1 监测目的及意义……3

2.2 监测原则……3

2.3 监测依据……4

三、监测对象及项目……4

3.1 监测项目内容及工作量……4

3.2 监测周期及频率……9

3.3 监测控制值……10

3.4 报警流程……10

四、仪器设备及人员安排……10

五、监测成果提交……11

附图 1：****变电站监测点布置图

图 2－26　某工程监测方案目录

项目 5：检查挡土墙的砌体结构质量、泄水孔与疏水层设置

标准：

（1）《砌体结构工程施工规范》（GB 50924—2014）第 8.3.6 条规定：挡土墙内侧回填土应分层夯填密实，其密实度应符合设计要求。墙顶土面应有排水坡度；依据《变电（换流）站土建工程施工质量验收规范》（Q/GDW 10183—2021）第 9.4.1.2 条规定，挡土墙、砌石护坡的石料规格和质量、砂浆品种强度等级、砂浆配合比应符合设计要求和现行有关标准的规定。

（2）《砌体结构工程施工规范》（GB 50924—2014）第 8.3.5 条规定，挡土墙必须按设计规定留设泄水孔，当设计无要求时，其施工应按《砌体结构工程施工规范》（GB 50924—2014）第 8.3.5 条及《国家电网有限公司输变电工程标准工艺　变电工程土建分册》（2022 版）第 1 章第 15 节要求执行，即泄水孔应

在挡土墙的竖向和水平方向均匀设置，在挡土墙每米高度范围内设置的泄水孔水平间距不应大于2m；泄水孔直径不应小于50mm，泄水孔与土体间应设置长宽不小于300mm、厚不小于200mm的卵石或碎石疏水层；泄水孔采用110mm PVC管，并向外5%放坡，无堵塞现象。

（3）《建筑边坡工程施工质量验收标准》（GB/T 51351—2019）第7.2.1条规定，砌体结构应内外搭接，上下错缝，拉接石、丁砌石应交错布置，外形美观，勾缝应密实、均匀，泄水孔应通畅，基底逆坡应合理，变形缝应垂直；第7.1.4条规定，重力式挡墙的变形缝应上下贯通、平直整齐，其位置、宽度及做法应符合设计要求。《变电（换流）站土建工程施工质量验收规范》（Q/GDW 10183—2021）第9.4.1.2条规定，砌块要分层错缝，浆砌时坐浆挤紧，嵌缝后砂浆饱满，无空洞现象；干砌时不松动、叠砌和浮塞；砌体坚实牢固，边缘顺直，无脱落现象。

检查方法：

（1）检查砌石挡墙的石材强度、砂浆品种、强度等级是否满足设计要求。

（2）检查挡土墙的泄水孔与疏水层设置是否满足设计要求。

（3）检查挡土墙的砌体结构质量是否满足规范要求，对砌石挡墙墙背的回填土填料选用、压实系数进行监督。

项目6：场地平整及二次回填材料压实系数实测实量

标准：

（1）场地平整、基坑、管沟等二次回填：《变电（换流）站土建工程施工质量验收规范》（Q/GDW 10183—2021）第6.3.3.2条、《建筑地基基础工程施工质量验收标准》（GB 50202—2018）第9.5条规定，基底处理应符合设计要求；回填料应符合设计要求；分层压实系数不小于设计值；监督人员根据现场情况抽查取样，检测回填土压实系数。

（2）《电力建设施工技术规范　第1部分：土建结构工程》（DL 5190.1—2012）第8.8.2条规定，回填土应根据基础与沟道的不同埋置深度分批分层回填，交叉进行施工，避免重复回填和开挖。根据现场的土质情况，施工前应进行回填土的击实试验，确定最优含水率和最大干密度，根据选用的施工机械试验确定虚铺厚度和压实遍数；第8.8.3条规定，填土前应清除基坑（槽）内的积水、淤泥、碎木等杂物，基坑、沟道两侧应对称分层布料，同时向上夯实，直接埋入土中的地下管道，应注意管道底部处夯填密实；第8.8.4条规定，碎石类土或爆破石渣用作填料时，应限制填料的最大粒径及最多含量。大块料应铺匀填密，不得集中铺放，且不得填在分段接头处或填方与边坡连接处。

检查方法：检查基坑回填、场区平整填方工程查看回填土填料是否满足设计要求，查看压实系数试验报告、施工记录。

3. 运检阶段

项目1：站区场地是否存在沉降，边坡是否存在裂缝、滑移等情况，复核一级边坡的监测数据是否满足规范要求

标准：监督人员检查站内场地、基坑填土是否存在沉降、塌陷等质量缺陷。

边坡监测数据应满足《建筑边坡工程技术规范》（GB 50330—2013）中第19.1.6条规定：应采取有效措施监测地表裂缝、位错等变化；监测精度对于岩质边坡分辨率不应低于0.50mm、对于土质边坡分辨率不应低于1.00mm；第19.1.7条规定：边坡工程施工过程中及监测期间遇到下列情况时应及时报警，并采取相应的应急措施：①有软弱外倾结构面的岩土边坡支护结构坡顶有水平位移迹象或支护结构受力裂缝有发展；无外倾结构面的岩质边坡或支护结构构件的最大裂缝宽度达到国家现行相关标准的允许值；土质边坡支护结构坡顶的最大水平位移已大于边坡开挖深度的1/500或20mm，以及其水平位移速度已连续3d大于2mm/d；②土质边坡坡顶邻近建筑物的累计沉降、不均匀沉降或整体倾斜已大于现行国家标准《建筑地基基础设计规范》（GB 50007—2013）规定允许值的80%，或建筑物的整体倾斜度变化速度已连续3d每天大于0.00008；③坡顶邻近建筑物出现新裂缝、原有裂缝有新发展；④支护结构中有重要构件出现应力骤增、压屈、断裂、松弛或破坏的迹象；⑤边坡底部或周围岩土体已出现可能导致边坡剪切破坏的迹象或其他可能影响安全的征兆；⑥根据当地工程经验判断已出现其他必须报警的情况。

检查方法：

（1）现场检查站内场地、基坑填土是否存在沉降、塌陷等质量缺陷。

（2）复核一级边坡的监测数据是否满足规范要求。

（五）监督整改要求

资料报告不齐全或不合格，及现场检查不符合要求的，应视为施工质量不合格，应协调建设部门返工整改或采用开挖性检测，复检合格后方可转序施工。

四、架空输电线路基础技术监督

（一）监督对象

对500kV及以上新建折单不低于50km输电线路工程杆塔基础进行监督。每个施工单位承建的属地工程（标段）抽检数量不少于3基，处于特殊地形地段、重要跨越区段的杆塔基础应列入抽检范围。重点监督线路杆塔基础尺寸、基础混凝土强度、桩基质量、基础保护措施、防洪排水和边坡支护等。

（二）监督标准

《架空输电线路基础设计技术规程》（DL/T 5219—2023）；

《架空输电线路运行规程》（DL/T 741—2010）；

《110kV～750kV 架空输电线路施工及验收规范》（GB 50233—2014）；

《电力工程基桩检测技术规程》（DL/T 5493—2014）；

《架空输电线路运行规程》（DL/T 741—2019）；

《预拌混凝土》（GB/T 14902—2012）；

《混凝土结构工程施工质量验收规范》（GB 50204—2015）。

（三）监督准备及事项

（1）施工图设计文件（包括说明书、路径图、杆塔明细表、基础及地脚螺栓配置表、基础施工图、岩土勘察报告、水文气象报告、护坡、挡土墙、排水沟等附属设施的施工图）。

（2）混凝土进场质量证明文件报告或现场留样试验报告。

（3）桩基检测报告。

（4）桩基施工过程记录数据和影像资料。

（5）检查投入仪器及设备，见表 2-3。

表 2-3　检查投入仪器及设备

仪器、设备名称	数　量	备　注
钢卷尺/皮尺	2	
全站仪	1	
回弹仪	2	
钢筋扫描仪	1	

（四）监督项目、标准和方法

架空线路基础检查项目：

（1）基础尺寸偏差检查。

（2）基础本体表观检查。

（3）基础混凝土质量强度检查。

（4）挡土墙尺寸和设置。

（5）护坡设置。

（6）排水沟设置。

（7）基础防冲刷及防漂浮物撞击措施设置检查。

（8）桩身混凝土强度及保护层厚度检查。

（9）桩基检测核查。

项目1：基础尺寸偏差检查

标准：依据《110kV～750kV架空输电线路施工及验收规范》（GB 50233—2014）第6.2.17条规定，浇筑基础应表面平整，单腿尺寸允许偏差应符合：保护层厚度负偏差不得大于5mm；立柱及各底断面尺寸的负偏差不得大于1%；同组地脚螺栓露出混凝土面高度允许偏差应为－5～＋10mm。

检查方法：

（1）保护层厚度负偏差检查。

1）检查"基础施工图"中对基础保护层厚度的要求，基础保护层厚度要求如图2－27所示。

施工特有注意事项

1. 挖孔桩基础施工应符合《关于下达人工挖孔桩施工安全措施要求的通知》（安监〔2010〕20号）的要求。掏挖基础、岩石嵌固基础施工应符合《关于下达线路掏挖基础施工安全措施要求的通知》（安监〔2010〕20号）的要求。

2. 掏挖基础、岩石嵌固基础主筋在柱身、柱顶及基础底部的混凝土保护层厚度均为50mm。

3. 岩石嵌固基础开挖至柱身与扩底部分的交界处、基底开挖至设计高程时，均应通知设计院岩土专业人员进行验孔，确定岩性满足条件后，方可进行下一步工作。

4. 挖孔桩基础主筋在柱身、柱顶及基础底部的混凝土保护层厚度均为60mm，承台挖孔桩基础主筋在承台上平面及承台柱保护层厚度均为70mm，承台下平面保护层厚度70mm，桩保护层厚度60mm。

5. 挖孔桩基础的护板采用40mm宽、4mm厚钢板（Q235钢，质量等级B级）制弯加工而成，与模板接触的部分应涂防锈漆，自基础底1000mm开始向上至天然地面每隔3000mm设置一层，每层4个。

6. 挖孔桩均应进行桩身完整性检测（检测方法应由桩基检测单位分析确定，以确保合理可行。一般桩径大于等于2m，桩长大于40m或复杂地质条件下的基桩采用声波透射法，其余采用低应变法，最终确定的检测方法请与设计提前沟通）。在浇筑混凝土之前，应根据确定的检测方法安装相应的仪器设备。

7. 挖孔桩基础成孔施工容许偏差、钢筋笼制作容许偏差分别见表1、表2。

图2－27　基础保护层厚度要求

2）现场实测实量：使用钢卷尺（支模后、浇筑前）或钢筋扫描仪（浇筑后）实测基础（或立柱）钢筋保护层厚度，如图2－28所示。

3）检查隐蔽工程（基础浇前、支模）签证记录表、混凝土灌注桩钢筋笼检验批质量验收记录表（图2－29）等验收记录资料。

（2）立柱断面及各底断面尺寸负偏差检查。

1）检查"基础施工图"中基础及立柱断面尺寸，如图2－30所示。

2）现场实测实量：使用钢卷尺或皮尺实测基础（或立柱）断面尺寸，如图2－31所示。

（a）

（b）

图 2－28 钢筋保护层厚度实测

表 6.1.6 混凝土灌注桩钢筋笼检验批质量验收记录表（续表）

编号：××××

<table>
<tr><td>类别</td><td>序号</td><td colspan="2">检查项目</td><td>质量标准</td><td>单位</td><td>检查记录</td><td>检查结果</td></tr>
<tr><td rowspan="9">一般项目</td><td>1</td><td colspan="2">钢筋调直</td><td>应符合设计要求和现行有关标准的规定</td><td></td><td>符合设计要求以及规范要求</td><td>合格</td></tr>
<tr><td>2</td><td colspan="2">箍筋间距</td><td>±20</td><td>mm</td><td>11</td><td>合格</td></tr>
<tr><td>3</td><td colspan="2">钢筋笼直径偏差</td><td>±10</td><td>mm</td><td>3</td><td>合格</td></tr>
<tr><td>4</td><td rowspan="3">钢筋加工偏差</td><td>受力钢筋顺长度方向全长的净尺寸</td><td>±10</td><td>mm</td><td>3</td><td>合格</td></tr>
<tr><td>5</td><td>弯起钢筋的弯折位置</td><td>±20</td><td>mm</td><td>11</td><td>合格</td></tr>
<tr><td>6</td><td>箍筋内净尺寸</td><td>±5</td><td>mm</td><td>4</td><td>合格</td></tr>
<tr><td>7</td><td rowspan="2">主筋保护层厚度</td><td>水上浇灌混凝土</td><td>≥35</td><td>mm</td><td>57</td><td>合格</td></tr>
<tr><td>8</td><td>水下浇灌混凝土</td><td>≥50</td><td>mm</td><td>51</td><td>合格</td></tr>
<tr><td>9</td><td colspan="2">钢筋笼安装深度偏差</td><td>±100</td><td>mm</td><td>20</td><td>合格</td></tr>
<tr><td colspan="3">备注</td><td colspan="5"></td></tr>
<tr><td colspan="3">验收结论</td><td colspan="5">验收合格</td></tr>
<tr><td colspan="3">施工单位</td><td colspan="5">班组长：×××
分包项目部质检员：×××
项目部质检员：×××　2023 年 5 月 18 日</td></tr>
<tr><td colspan="3">监理单位</td><td colspan="5">监理员：×××
专业监理工程师：×××　2023 年 5 月 18 日</td></tr>
</table>

图 2－29 某工程混凝土灌注桩钢筋笼检验批质量验收记录表

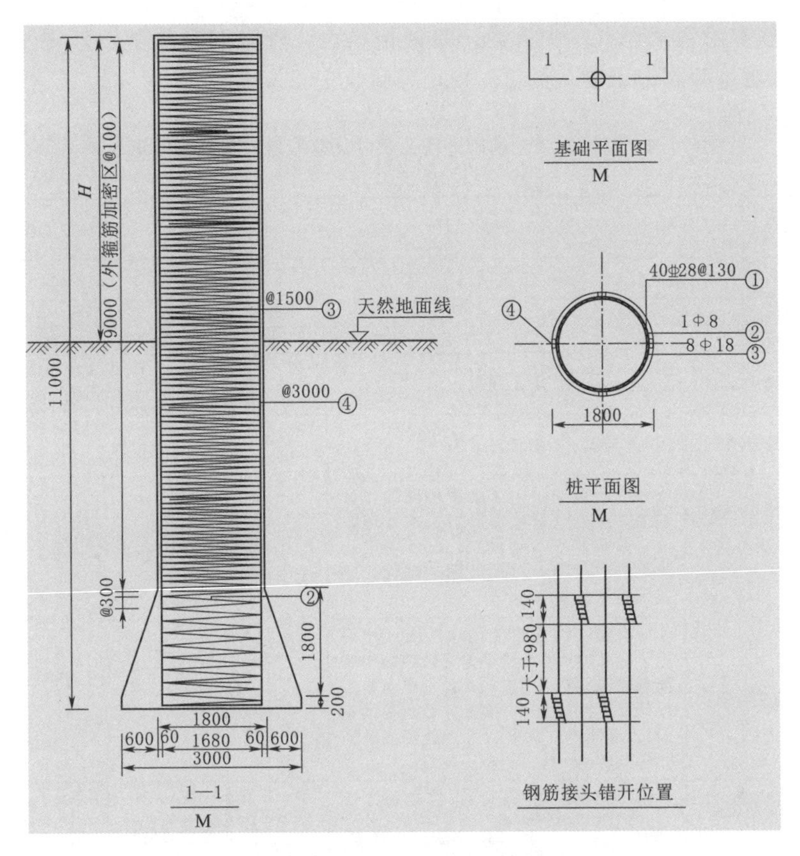

图 2－30　某工程基础施工图

图 2－31　基础尺寸实测

3）核查隐蔽工程（基础拆模）签证记录表、现浇混凝土基础外观及尺寸偏差检验批质量验收记录表（图 2－32）等验收记录资料。

表 6.1.4　现浇混凝土基础外观及尺寸偏差检验批质量验收记录表

编号：××××

<table>
<tr><td colspan="3">工程名称</td><td colspan="5">××××线路工程</td><td>分部工程名称</td><td colspan="2">基础工程</td></tr>
<tr><td colspan="3">分项工程名称</td><td colspan="5">原状土基础施工</td><td>验收部位</td><td colspan="2">N29</td></tr>
<tr><td colspan="3">施工单位</td><td colspan="6">××公司</td><td>项目经理</td><td>×××</td></tr>
<tr><td colspan="3">分包单位</td><td colspan="6">××公司</td><td>分包项目经理</td><td>×××</td></tr>
<tr><td colspan="3">施工依据</td><td colspan="5">施工图纸</td><td>验收依据</td><td colspan="2">Q/GDW10121—2022、Q/GDW10115—2022</td></tr>
<tr><td>类别</td><td>序号</td><td colspan="2">检查项目</td><td colspan="3">制量标准</td><td>单位</td><td colspan="2">检查记录</td><td>检查结果</td></tr>
<tr><td rowspan="12">主控项目</td><td>1</td><td colspan="2">外观质量☆</td><td colspan="3">不应有严重缺限，对已经出现的严重缺陷，应由施工单位提出技术处理方案，并经监理（建设）、设计单位认可后进行处理，对经处理的部位，应重新检查验收</td><td></td><td colspan="2">平整光滑美观、无色缺陷</td><td>合格.</td></tr>
<tr><td>2</td><td colspan="2">尺寸偏差☆</td><td colspan="3">不应有影响性能和使用功能的尺寸偏差。对超过尺寸允许偏差且影响结构性能和安装、使用功能的部位，应由施工单位提出技术处理方案，并经监理（建设）、设计单位认可后进行处理。对经处理的部位，应重新检查验收。</td><td></td><td colspan="2">无影响性能和功能的尺寸偏差</td><td>合格.</td></tr>
<tr><td>3</td><td colspan="2">高差控制</td><td colspan="3">混凝土初凝前，采用多点控制的方法对基面高差进行测量。</td><td></td><td colspan="2">混凝土初凝前，采用多点控制基面高差</td><td>合格.</td></tr>
<tr><td>4</td><td colspan="2">立柱断面尺寸</td><td colspan="3">≥−0.8%</td><td></td><td colspan="2">A:1208×1208 B:1213×1204
B:1200×1203 D:1217×1210</td><td>合格.</td></tr>
<tr><td rowspan="2">5</td><td rowspan="2">整基基础中心位移</td><td>顺线路</td><td colspan="3">≤24</td><td>mm</td><td colspan="2">18</td><td>合格.</td></tr>
<tr><td>横线路</td><td colspan="3">≤24</td><td>mm</td><td colspan="2">10</td><td>合格.</td></tr>
<tr><td rowspan="2">6</td><td rowspan="2">整基基础扭转</td><td>一般塔</td><td colspan="3">≤8′</td><td></td><td colspan="2">1′44″</td><td>合格.</td></tr>
<tr><td>高塔</td><td colspan="3">≤4′</td><td></td><td colspan="2">/</td><td>/</td></tr>
<tr><td rowspan="4">7</td><td rowspan="4">基础根开及对角线尺寸</td><td>设计值</td><td colspan="4">AB：15468　BC：15468
CD：15468　DA：15468
AC：21875　BD：21875</td><td>AB：15465</td><td>BC：15466</td><td rowspan="4">合格.</td></tr>
<tr><td colspan="2" rowspan="2">一般塔</td><td>螺栓式</td><td colspan="2">±0.16%</td><td>CD：15472</td><td>DA：15470</td></tr>
<tr><td>插入式</td><td colspan="2">±0.1%</td><td rowspan="2">AC：21873</td><td rowspan="2">BD：21873</td></tr>
<tr><td colspan="3">高塔</td><td colspan="2">±0.07%</td></tr>
</table>

图 2－32　某工程现浇混凝土基础外观及尺寸偏差检验批质量验收记录表

（3）同组地脚螺栓中心或插入角钢形心对设计值偏移检查。

1）检查基础施工图“基础偏心统计表”（图 2 - 33）中基础地脚螺栓偏心值。

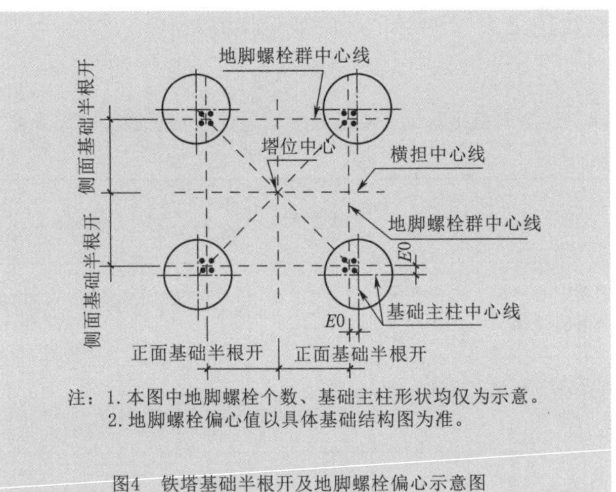

杆塔号	塔位桩号	整塔偏心值（mm）
N3801	J1301	100
N3804	J1302	100
N3809	J1303	200
N3814	J1304	200
N3817	J1305	200
N3820	JG1306	100
N3823	J1307	200
N3824	ZG1318	100
N3830	JZ1324	100
N3833	JG1309	100
N3836	JG1310	100
N3839	J1311	150
N3843	J1312	150
N3852	J1314	200
N3858	J1315	100
N3863	J1316	100
N3865	Z1351	150
N3867	Z1357	100
N3870	J1318	100
N3874	J1319	200
N3879	J1320	150
N3885	J1321	100
N3895	ZG1374	100
N3897	J1325	100
N3898	Z1377	100
N3900	Z1379	100
N3901	ZGG1380	100

杆塔号	塔位桩号	整塔偏心值（mm）
N3902	Z1381	150
N3904	ZJ1326	150
N3906	JG1327	100
N3908	JG1328	100
N3914	J1330	200
N3915	Z1389	150
N3916	Z1331	150
N3919	Z1332	150
N3921	Z1333	100
N3925	Z1334	100
N3927	Z1398	150
N3929	Z1400	100
N3933	Z1335	100
N3935	ZG1405	100
N3941	JG1337	100
N3951	JGG1339	100
N3954	Z1340	150
N3960	Z1341	150
N3963	Z1342	100
N3967	Z1343	100
N3969	Z1344	150
N3971	Z1430	100
N3972	Z1431	100
N3973	Z1345	150
N3974	ZG1432	100
N3977	Z1434	100
N3979	Z1436	100

注：整塔偏心值指A、B、C、D各腿的偏心E0值，偏心示意图见《铁塔及基础配置图说明(1/2)》图5所示，未提及偏心的塔位则为地脚螺栓群中心与基础中心重合。

图 2 - 33　某工程基础施工图“基础偏心统计表”

2）现场实测实量：在地脚螺栓保护帽浇筑前，使用全站仪测量地脚螺栓中心位置对设计值偏移。

3）检查隐蔽工程（基础拆模）签证记录表、现浇混凝土基础外观及尺寸偏差检验批质量验收记录表（图 2－34）等验收资料。

表 6.1.4　现浇混凝土基础外观及尺寸偏差检验批质量验收记录表（续表）

编号：××××

类别	序号	检查项目	质量标准	单位	检查记录	检查结果
一般项目	1	同组地脚螺栓中心（插入式角钢形心）对设计值的偏移	≤8	mm	A:5 B:8 C:5 D:3	合格.
	2	基础顶面高差或主角钢（钢管）操平印记间相对高差	≤5	mm	A:4 B:2 C:2 D:0	合格.
	3	插入式基础的主角钢（钢管）倾斜率	≤3%		—	—
备注						
验收结论	验收合格.					
施工单位	班组长：××× 分包项目部质检员：××× 项目部质检员：××× 2013 年 5 月 13 日					
监理单位	监理员：××× 专业监理工程师：××× 2013 年 5 月 13 日					

图 2－34　某工程现浇混凝土基础外观及尺寸偏差检验批质量验收记录表

（4）地脚螺栓露出混凝土面高度检查。

1）检查地脚螺栓配置表、地脚螺栓加工图（图 2－35）等设计图纸中地脚螺栓露出混凝土面高度。

2）现场实测实量：使用水平尺和钢卷尺测量地脚螺栓露高，如图 2－36 所示。

3）检查隐蔽工程（基础拆模）签证记录表等验收记录资料。

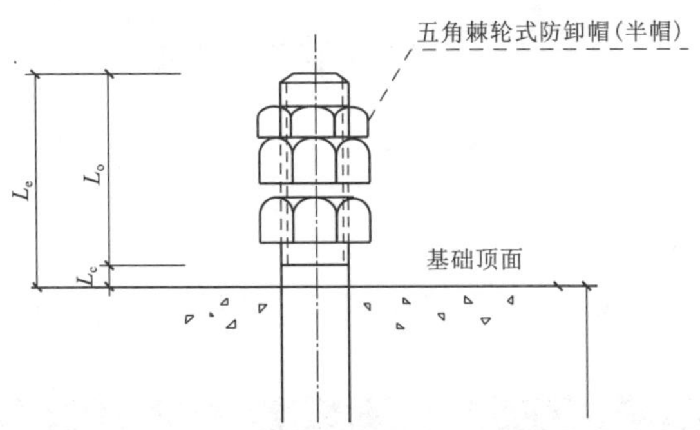

地脚螺栓										
直径 d (mm)	丝扣长 L_o (mm)	无扣长 L_c (mm)	出露长 L_e (mm)	锚固长 L_1 (mm)	全长 L (mm)	螺栓 单根重 (kg)	锚板 重量 (kg)	螺帽 (kg)	数量(件) 单重(kg)	小计 (kg)
42	150	35	185	1470	1770	19.25	3.53	5 0.62	4 25.88	103.5
48	160	45	205	1680	2006	28.50	3.53	5 0.93	4 36.68	146.7
56	190	55	245	1960	2349	45.42	6.28	5 1.37	4 58.55	234.2
64	215	60	275	2240	2677	67.60	6.28	5 1.89	4 83.33	333.3
72	225	65	290	2520	2979	95.21	6.28	5 2.51	4 114.04	456.2

图 2-35　某工程地脚螺栓加工图

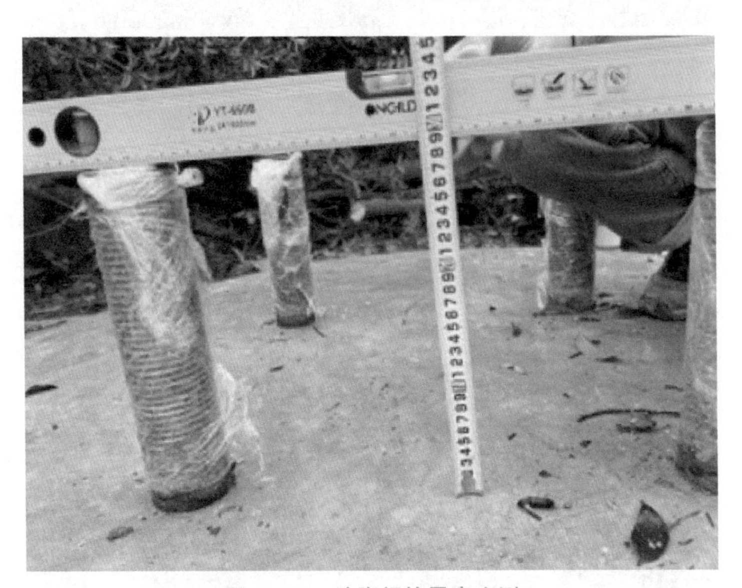

图 2-36　地脚螺栓露高实测

项目 2：基础本体表观检查

标准：《架空输电线路运行规程》（DL/T 741—2019）第 5.1.1 条规定，基础本体表面水泥不应脱落，钢筋不应外露，装配式、插入式基础不应出现锈蚀，基础周围保护土层不应流失、塌陷。

检查方法：主要现场检查基础及基面施工外观质量，如图 2－37、图 2－38 所示。

图 2－37　基础混凝土表观质量良好

图 2－38　塔位基面保护土层压实、并复绿

项目3：基础混凝土质量强度检查

标准：抽检杆塔基础混凝土质量强度是否满足设计要求。当采用预拌混凝土时，根据《预拌混凝土》（GB/T 14902—2012）要求，运输车在运输时应保证混凝土拌合物均匀不产生分层、离析；对寒冷、严寒或炎热的天气情况，搅拌运输侧的搅拌罐应有保温或隔热措施。预拌混凝土从搅拌机卸入搅拌运输车至卸料站时的运输时间不宜大于90min。当采用自拌混凝土时，核查混凝土现场留样试验报告是否满足设计要求。

检查方法：

（1）检查“基础施工图”中混凝土设计强度等级。

（2）采用回弹法检测基础混凝土表面强度，如图2-39所示；若表面强度不足，则应建议建设单位委托第三方检测单位，对基础进行取芯法检测混凝土内部强度。

（3）检查基础混凝土抗压强度检测报告及强度评定表（图2-40）。

图2-39 回弹法检测混凝土强度

混凝土试块抗压强度检测报告

委托编号：2023-××××　　样品编号：10.23-××××　　报告编号：2023-××××

<table>
<tr><td>委托单位</td><td colspan="3">×××公司</td><td>委托日期</td><td>2023-05-22</td></tr>
<tr><td>工程名称</td><td colspan="3">×××工程</td><td>检测日期</td><td>2023-06-16</td></tr>
<tr><td>工程地点</td><td colspan="3">××××</td><td>报告日期</td><td>2023-06-16</td></tr>
<tr><td>工程部位</td><td colspan="3">N24AM</td><td>委托方式
试样编号</td><td>—</td></tr>
<tr><td>取样单位</td><td colspan="3">××公司</td><td>取样人</td><td>×××</td></tr>
<tr><td>见证单位</td><td colspan="3">××公司</td><td>见证人</td><td>×××</td></tr>
<tr><td>设计等级</td><td colspan="3">C30</td><td>试件尺寸
(mm)</td><td>150×150×150</td></tr>
<tr><td>养护方法</td><td colspan="3">标准养护</td><td>代表批量</td><td>17o3</td></tr>
<tr><td>预拌混凝土
生产厂家</td><td colspan="3">××公司</td><td>配合比编号</td><td>—</td></tr>
<tr><td>样品说明</td><td colspan="3">—</td><td>检验类别</td><td>委托检验</td></tr>
<tr><td>成型日期</td><td>破型日期</td><td>龄期（d）</td><td>单块强度值
(MPa)</td><td>强度代表值
(MPa)</td><td>达到设计强度
(%)</td></tr>
<tr><td rowspan="3">2023-05-15</td><td rowspan="3">2023-06-15</td><td rowspan="3">28</td><td>37.5</td><td rowspan="3">37.4</td><td rowspan="3">125</td></tr>
<tr><td>39.5</td></tr>
<tr><td>35.4</td></tr>
<tr><td>依据标准</td><td colspan="5">GB/T 50081—2019</td></tr>
<tr><td>备注</td><td colspan="5">—</td></tr>
<tr><td>声　　明</td><td colspan="5">1. 本检测报告无检测专用章和计量认证专用章无效；无检测、审核、批准签字无效；
2. 未经同意复印检测报告无效；本检测报告仅对来件负责。
3. 若有异议或需要说明之处，请于收报告之日起十五日内书面提出，逾期视为无异议。
联系地址：××××　联系电话：××××　邮政编码：××××。</td></tr>
</table>

检测单位：×××　　批准：×××　　审核：×××　　检测：×××

图 2-40　混凝土抗压强度检测报告

项目4：挡土墙尺寸和设置检查

标准：《架空输电线路基础设计技术规程》(DL/T 5219—2023) 第6.5.2条规定，挡土墙高度不宜大于8m；块石挡土墙的墙顶宽度不宜小于400mm，石块立体变长应大于300mm，砌筑砂浆强度不低于M10级，混凝土挡土墙的墙顶宽度不宜小于200mm，混凝土强度等级不宜低于C20；挡土墙每2m^2内应设置一个泄水孔。

检查方法：

(1) 现场采用钢卷尺或皮尺实测挡土墙高度、墙顶宽度、十块立体变长、挡墙泄水孔分布间距。

(2) 检查挡墙混凝土材料开盘鉴定表、配合比设计报告、砌筑砂浆强度检测报告、挡墙工程检测批质量验收记录等验收资料。

项目5：护坡设置检查

标准：护坡每隔10m设置一道伸缩缝，缝宽为20mm，沉降缝内用沥青麻絮或者沥青模板条填塞，填塞入护坡深度不小于100mm。排水孔边长或者直径不小于100mm，外倾斜坡度不小于5%，水平间距为2m，垂直间距为1m，并宜按梅花形布置。

检查方法：现场检查采用钢卷尺、皮尺、激光测距仪等测量设备，实测伸缩缝间距、缝宽，挡墙排水孔间距、孔径、外倾坡度，检查挡墙表观质量，查看是否存在变形、坍塌。护坡工艺节点构造尺寸实测如图2-41所示。

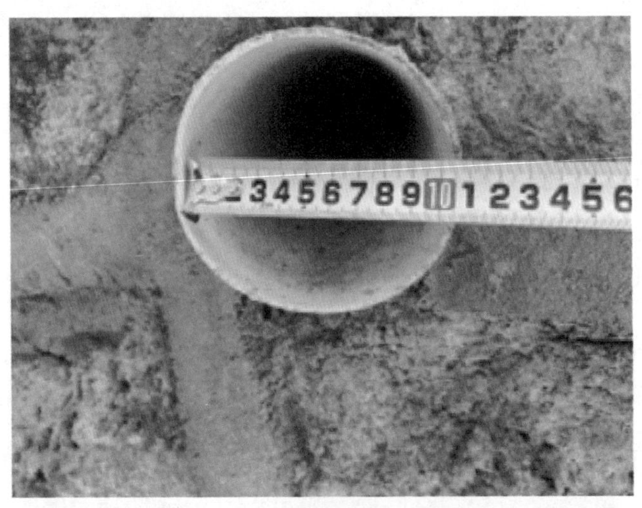

图2-41　护坡工艺节点构造尺寸实测

项目6：排水沟设置检查

标准： 排水沟不应堵塞、填埋或有淤积，排水应保持畅通。排水沟无坍塌、破损，排水沟设置在迎水侧，距离基础边缘一般不小于5m；排水沟砌筑完成后，外露面采用M10水泥砂浆勾缝或抹面。

检查方法： 现场检查采用钢卷尺、皮尺、激光测距仪等测量设备，实测排水沟设置位置；表观检测排水沟是否发生堵塞、填埋、淤积，检查挡墙、排水沟砌筑表观质量，查看是否存在变形、坍塌。

项目7：杆塔基础防护措施检查

标准： 对杆塔基础防冲刷及防漂浮物撞击的措施设置进行检查。检查在水中立塔的基础，是否考虑了洪水冲刷、流水动压力、漂浮物撞击、冻融期的拥冰堆积等作用影响，是否采取了防冲刷及漂浮物撞击的措施。《架空输电线路基础设计技术规程》（DL/T 5219—2023）第3.0.6条和第3.0.11条规定，基础设计应根据基础周边地下水、环境水、土壤对其可能腐蚀的情况采取适宜有效的防护措施。

检查方法： 核查线路工程勘察报告及施工设计图纸，检查施工图纸是否按勘察报告结论进行了相关的杆塔基础防护设计。核查基础工程检验批质量验收记录，检查施工是否按设计采取了相应有效的防护措施。

项目8：桩身混凝土强度及保护层厚度检查（省公司自行开展）

标准：《建筑桩基技术规范》（JGJ 94—2008）第4.1.2条规定，桩身混凝土及混凝土保护层厚度应符合下列要求：桩身混凝土强度等级不得小于C25，混凝土预制桩尖强度等级不得小于C30；灌注桩主筋的混凝土保护层厚度不应小于35mm，水下灌注桩的主筋混凝土保护层厚度不得小于50mm。

检查方法： 与“基础混凝土质量强度”和“基础保护层厚度负偏差”检查方法相同。当采用混凝土预制桩时，预装混凝土强度等级可检查预制桩厂家提供的产品合格证，以及预制桩原材进场报验材料。

项目9：桩基检测核查（省公司自行开展）

标准：《电力工程基桩检测技术规程》（DL/T 5493—2014）规定，桩基检测依据第三章检测方法及检测数量的要求进行。并现场抽查检测报告，查验检测数量及方法是否满足规范要求，检测结果是否符合设计要求。

检查方法：核查工程基础设计图纸，明确桩基检测数量要求。现场抽查检测报告，查验检测数量及方法是否满足规范要求，检测结果是否符合设计要求。某工程桩基检测报告如图 2－42 所示。

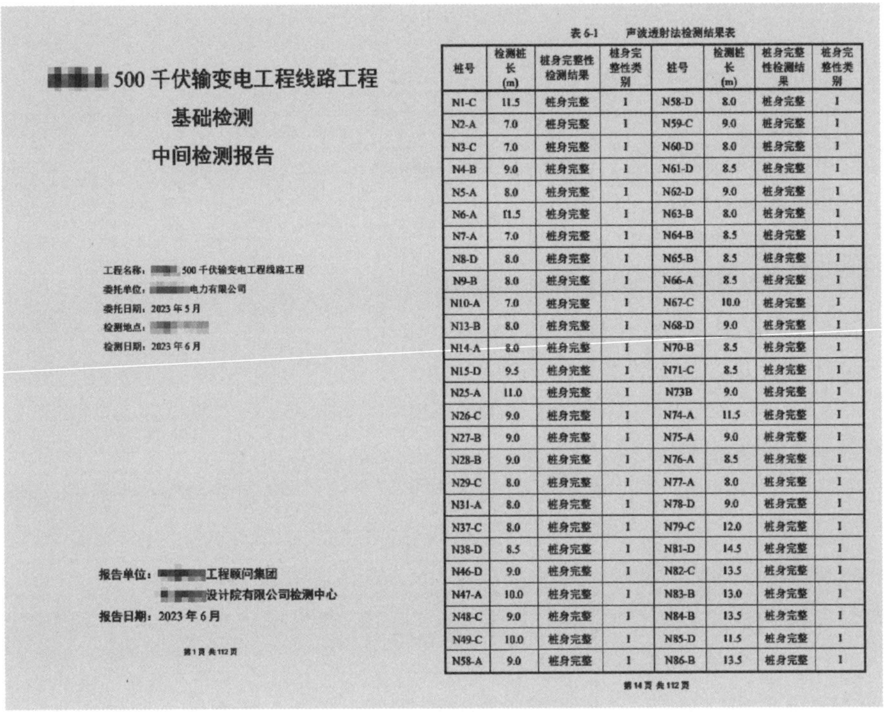

500 千伏输变电工程线路工程
基础检测
中间检测报告

工程名称：500 千伏输变电工程线路工程
委托单位：电力有限公司
委托日期：2023 年 5 月
检测地点：
检测日期：2023 年 6 月

报告单位：工程顾问集团
设计院有限公司检测中心
报告日期：2023 年 6 月

第 1 页 共 112 页

表 6-1　声波透射法检测结果表

桩号	检测桩长(m)	桩身完整性检测结果	桩身完整性类别	桩号	检测桩长(m)	桩身完整性检测结果	桩身完整性类别
N1-C	11.5	桩身完整	I	N58-D	8.0	桩身完整	I
N2-A	7.0	桩身完整	I	N59-C	9.0	桩身完整	I
N3-C	7.0	桩身完整	I	N60-D	8.0	桩身完整	I
N4-B	9.0	桩身完整	I	N61-D	8.5	桩身完整	I
N5-A	8.0	桩身完整	I	N62-D	9.0	桩身完整	I
N6-A	11.5	桩身完整	I	N63-B	8.0	桩身完整	I
N7-A	7.0	桩身完整	I	N64-B	8.5	桩身完整	I
N8-D	8.0	桩身完整	I	N65-B	8.5	桩身完整	I
N9-B	8.0	桩身完整	I	N66-A	8.5	桩身完整	I
N10-A	7.0	桩身完整	I	N67-C	10.0	桩身完整	I
N13-B	8.0	桩身完整	I	N68-D	9.0	桩身完整	I
N14-A	8.0	桩身完整	I	N70-B	8.5	桩身完整	I
N15-D	9.5	桩身完整	I	N71-C	8.5	桩身完整	I
N25-A	11.0	桩身完整	I	N73B	9.0	桩身完整	I
N26-C	9.0	桩身完整	I	N74-A	11.5	桩身完整	I
N27-B	9.0	桩身完整	I	N75-A	9.0	桩身完整	I
N28-B	9.0	桩身完整	I	N76-A	8.5	桩身完整	I
N29-C	8.0	桩身完整	I	N77-A	8.0	桩身完整	I
N31-A	8.0	桩身完整	I	N78-D	9.0	桩身完整	I
N37-C	8.0	桩身完整	I	N79-C	12.0	桩身完整	I
N38-D	8.5	桩身完整	I	N81-D	14.5	桩身完整	I
N46-D	9.0	桩身完整	I	N82-C	13.5	桩身完整	I
N47-A	10.0	桩身完整	I	N83-B	13.0	桩身完整	I
N48-C	9.0	桩身完整	I	N84-B	13.5	桩身完整	I
N49-C	10.0	桩身完整	I	N85-D	11.5	桩身完整	I
N58-A	9.0	桩身完整	I	N86-B	13.5	桩身完整	I

第 14 页 共 112 页

图 2－42　某工程桩基检测报告

（五）监督整改要求

施工图核查阶段监督结果不合格，应协调建设部门修改设计图纸。土建施工阶段监督结果不合格，应协调建设部门重新施工或进行维修补强，复检合格后方可投运。

第三章

土建典型案例

3

一、场地

案例 1.1　某±500kV 换流站场区不同程度凹陷

监督项目：变电站—场地—站内道路—不满足运行需求。

所属阶段：运维检修。

监督依据：《变电（换流）站土建工程施工质量验收规范》（Q/GDW 1183—2012）第 9.2.3.2 条，压实度应符合设计要求，沉降差不应大于试验路段确定的沉降差；第 9.2.8.2 条，面层面板平整密实，相邻板高差不大于 3mm。

监督手段：现场观察检查。

问题简述：某±500kV 换流站，投运一年后，站外道路和场区出现不同程度的凹陷，影响车辆正常通行，如图 3-1 所示。

图 3-1　站内道路凹陷

问题分析：

（1）未按规定要求分层回填，碾压质量不合格导致场地回填土压实系数不满足设计要求，在地表水浸泡下发生沉降。

（2）对特殊土（冻胀土）处理措施不合理，基础埋深浅于最大冻深，导致设备基础上抬。

处理建议：①加强站区沉降观测；②重新开挖后分层回填夯实并恢复地坪和路面；③回填土采用防冻胀材料。

总结体会：该典型问题反映出工程质量监督重要性。施工单位在回填前应进行严格的基底处理，严格控制回填土选用的土料和含水率；回填土方之前必须把表面耕植土、腐殖土挖除，回填土按要求分层摊铺压实，每层松铺厚度为200～300mm。应发挥监理人员和质检人员监督职责，督促施工方在土方回填中应严格执行设计图纸和相应规程规范要求。

案例 1.2　某 110kV 变电站围墙处有凹陷

监督项目： 变电站—场地—站区地面—地面塌陷。

所属阶段： 运维一年内。

监督依据：《建筑地基基础工程施工规范》（GB 51004—2015）第 8.5.6 条规定，回填面积较大的区域，应采取分层、分块（段）回填压实的方法，各块（段）交界面应设置成斜坡形，辗迹应重叠 0.5～1.0m，填土施工时的分层厚度及压实遍数应符合表 8.5.6 的规定，上、下层交界面应错开，错开距离不应小于 1m。《国家电网公司变电验收通用管理规定　第 27 分册　土建设施验收细则》中 A3. 二.2.3 条规定，回填土应从最低处开始，由下向上整个宽度分层铺填碾压或夯实，回填土应分层夯实、回填土中不应含有石块或其他硬质物。

监督手段： 现场观察检查。

问题简述： 某 110kV 变电站工程，运维一年内，围墙附近地面出现塌陷，如图 3-2 所示，造成安全隐患。

图 3-2　围墙处凹陷

问题分析：

（1）土方回填前对天然土层进行处理不到位。

（2）回填土碾压质量没达到要求。

（3）场地特殊土的土性质影响。

处理建议：需要对凹陷场地进行夯实处理。

总结体会：该典型问题反映出工程质量监督重要性。施工单位在回填前应进行严格的基底处理，严格控制回填土选用的土料和含水率；回填土方之前必须把表面耕植土。腐殖土挖除，回填土按要求分层摊铺压实，每层松铺厚度为200～300mm。应发挥监理人员和质检人员监督职责，督促施工方在土方回填中应严格执行设计图纸和相应规程规范要求。

案例 1.3　某 110kV 变电站场区凹陷

监督项目：变电站—场地—站区地面—地面塌陷。

所属阶段：运维一年内。

监督依据：《建筑地基基础工程施工规范》（GB 51004—2015）第 8.5.6 条规定，回填面积较大的区域，应采取分层、分块（段）回填压实的方法，各块（段）交界面应设置成斜坡形，辗迹应重叠 0.5～1.0m，填土施工时的分层厚度及压实遍数应符合表 8.5.6 的规定，上、下层交界面应错开，错开距离不应小于 1m。《国家电网公司变电验收通用管理规定　第 27 分册　土建设施验收细则》A3. 二 .2.3 条中规定，回填土应从最低处开始，由下向上整个宽度分层铺填碾压或夯实，回填土应分层夯实、回填土中不应含有石块或其他硬质物。

监督手段：现场检查。

问题简述：某 110kV 变电站，运维一年内巡视过程中发现 110kV GIS 设备出线套筒场地存在地面塌陷现象，如图 3－3 所示。

问题分析：

（1）土方回填前对天然土层处理不到位。

（2）回填土选用的土料含水率大，含有垃圾、杂物等。

（3）回填土层未按要求分层夯实，回填土夯实系数没有达到图纸规定要求。

（4）回填土压实完成后，后期进行配套管网施工，未按要求二次回填压实或压实系数未达到设计要求。

处理建议：需要场地基础进行夯实处理。

总结体会：该典型问题反映出工程质量监督重要性。施工单位在回填前应进行严格的基底处理，严格控制回填土选用的土料和含水率；回填土方之前必

图 3-3　场区凹陷

须把表面耕植土、腐殖土挖除，回填土按要求分层摊铺压实，每层松铺厚度为200～300mm。应发挥监理人员和质检人员监督职责，督促施工方在土方回填中应严格执行设计图纸和相应规程规范要求。

案例 1.4　某 220kV 变电站道路裂缝

监督项目：变电站—场地—站内外道路—裂缝。

所属阶段：运维一年内。

监督依据：《变电（换流）站土建工程施工质量验收规范》（Q/GDW 1183—2021）规定，表面质量：表面应平整、坚实，不得有脱落、掉渣、裂缝推挤、烂边，粗细骨料集中等现象。《城镇道路工程施工与质量验收规范》（CJJ 1—2008）第 10.6.6 条规定，横缝施工应符合下列规定：① 胀缝间距应符合设计规定，缝宽宜为 20mm。在与结构物衔接处、道路交叉和填挖土方变化处，应设胀缝。②机切缝时，宜在水泥混凝土强度达到设计强度 25%～30%时进行。《公路工程质量检验评定标准》（JTG F80—2017）附录 P 相关规定。

监督手段：现场检查。

问题简述：某 220kV 变电站投运一年后，站内道路出现裂缝。

问题分析：

（1）昼夜温差大，温度短时间剧烈下降，导致沥青材质变脆，变形超出其材质变化范围。

（2）路基压实系数不均匀，质量不合格，导致路面发生不均匀沉降。

（3）施工时未合理设置胀缝，未及时切割缩缝，路面养护不到位，导致道路出现裂缝，如图 3-4 所示。

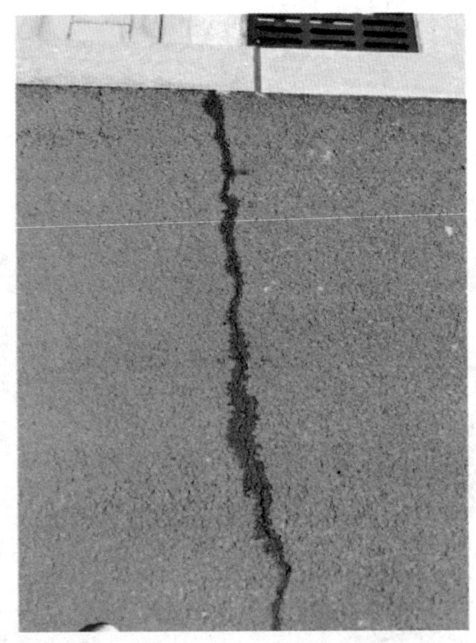

图 3-4 站内道路裂缝

处理建议：裂缝部位进行灌缝修补处理，加强道路监测，后期出现类似问题，开挖路面重新进行路基回填和道路施工。胀缝间距应符合设计规定，缝宽宜为 20mm。在与结构物衔接处、道路交叉和填挖土方变化处应设胀缝，切缝与道路圆弧弦切线垂直。机切缝时，宜在水泥混凝土强度达到设计强度 25%～30%时进行。

总结体会：该典型问题反映出施工人员不熟悉图纸和规范要求，建设单位应在施工招标时对施工人员技术水平提出要求；同时说明加强工程质量监督的重要性，发挥监理人员和质检人员监督职责，督促施工单位严格按照施工质量验收规范组织施工。在水泥混凝土强度达到设计强度 25%～30%时及时切缝。

后期运行维护时，重点检查是否存在胀缝处密封胶老化开裂情况，及时进行维修。

案例 1.5　某 220kV 变电站雨水井散水裂缝

监督项目：变电站—场地—雨水井散水—裂缝。

所属阶段：运维一年内。

监督依据：《变电（换流）站土建工程施工质量验收规范》（Q/GDW 1183—2012）规定，表面质量：表面应平整、坚实，不得有脱落、掉渣、裂缝推挤、烂边，粗细骨料集中等现象。

监督手段：现场观察检查。

问题简述：某 220kV 变电站投运一年后，排水检查井散水出现裂缝，如图 3-5 所示。

图 3-5　雨水井散水裂缝

问题分析：

（1）回填土压实系数不够，造成下陷引起散水开裂。

（2）散水混凝土养护时间不足，造成混凝土开裂。

（3）散水收缩引起裂缝。

处理建议：在裂缝处用水冲洗，然后涂刷水泥砂浆。

总结体会：该典型问题反映出施工单位对小型构件施工不够重视，达不到施工质量要求，应加强工程质量监督。发挥监理人员和质检人员监督职责，督促施工方在土方回填中应严格执行工艺标准。

案例 1.6 某±500kV 换流站围墙裂缝

监督项目：变电站—场地—边坡、护坡—墙体开裂。

所属阶段：运维一年内。

监督依据：《国家电网公司变电验收通用管理规定 第 27 分册 土建设施验收细则》中 A3. 二 . 2. 3 条规定，回填土应从最低处开始，由下向上整个宽度分层铺填碾压或夯实，回填土应分层夯实、回填土中不应含有石块或其他硬质物。

监督手段：现场检查。

问题简述：某换流站位于山区，整个场地有大面积填方区和挖方区，位于填方区的围墙墙体开裂，出现贯通型裂缝，如图 3 - 6 所示。

图 3 - 6 围墙裂缝

问题分析：

(1) 站区填方区土方回填工程中，质量控制不严，压实系数不满足要求，雨水入侵后，土质松软发生下陷，引起围墙开裂。

(2) 变形缝设置不合理，未设置在地质变化处，导致变形缝未起作用。

处理建议：

(1) 开挖后分层回填夯实并恢复地坪。

（2）对裂缝处进行填充，并按照原有设计进行墙面处理。

总结体会：该典型问题反映出施工方在土方回填中未严格执行“最低处开始，由下向上整个宽度分层铺填碾压或夯实，回填土应分层夯实的规定”造成地质松软后塌陷，应加强工程质量监督。发挥监理人员和质检人员监督职责，督促施工方在土方回填中应严格执行工艺标准。

案例 1.7　某 220kV 开关站电缆沟积水、杂物较多

监督项目：变电站—场地—站区管沟—电缆沟积水、杂物。

所属阶段：投产前。

监督依据：《国家电网公司质量通病防治工作要求及主要技术措施》第十四章电缆沟及盖板质量通病防治的技术措施及第三十三条电缆沟及盖板质量通病防治的设计措施规定，电缆沟内应设排水槽，排水槽截面直径或宽度（深度）80～100mm，并与站区排水主网连接管道。

监督手段：现场检查。

问题简述：某变电站工程投产前，发现室外电缆沟存有积水，杂物较多，如图 3-7 所示。

图 3-7　电缆沟内杂物较多

问题分析：

（1）部分电缆沟至站区排水主网的连接管道发生堵塞或排水坡度设置不合理，导致电缆沟内的水无法排入站内排水管网。

（2）施工单位现场清理时遗漏室外电缆沟。

处理建议：疏通电缆沟至站区排水主网的连接管道，并在端部用镀锌钢丝网封口，防止异物进入；及时安排人员对电缆沟的杂物进行清理。

总结体会：该典型问题暴露出设计单位、施工单位对站区及电缆沟排水问题重视程度不够。在工程设计及施工过程中，电缆沟底部排水横坡和排水槽纵坡的坡度应满足排水要求。施工单位在现场管理时交代施工人员不要将杂物扔进电缆沟，施工退场时要及时清理电缆沟至排水主网的排水管，避免异物进入堵塞。

二、基础与地基处理

案例 2.1 某 220kV 开关站室外 GIS 基础未设置沉降观测点

监督项目：变电站—基础与地基—设备基础—沉降观测。

所属阶段：施工中。

监督依据：《电力工程施工测量技术规范》（DL/T 5445—2010）第 11.7.2 条规定，建（构）筑物沉降观测点，应按设计图纸布设；并宜在 GIS 基础的四角、大转角及沿基础每 10～15m 处设置观测点。《国家电网有限公司输变电工程标准工艺 变电工程土建分册》第二节第 2 条规定，沉降观测点应及时埋设，安设稳定牢固，观测点标识上部突出的半球形或有明显的突出点；观测点基础应与设备基础同时施工。

监督手段：现场检查。

问题简述：某 220kV 开关站新建工程，在施工过程中现场监督，发现该项目 220kV GIS 设备基础未及时设置沉降观测点，无法在基础施工和设备安装完成后进行沉降观测。沉降观测点若采用后锚固方式，运行一定时间后，沉降观测点会产生松动、变形现象，将无法满足沉降观测要求。

问题分析：未按《国家电网有限公司输变电工程标准工艺 变电工程土建分册》第二节第 2 条工艺标准的规定执行，沉降观测点应及时埋设，安设稳定牢固，观测点标识上部突出的半球形或有明显的突出点；观测点基础应与设备基础同时施工。

处理建议：按照标准工艺和设计图纸的要求，在 GIS 设备基础上合适位置植筋，及时安装沉降观测点。

总结体会：该典型问题暴露出施工单位在施工过程中对标准工艺、行业标准执行不到位，没有严格按照设计要求进行施工，设计单位现场交底不到位，应加强发挥监理人员职责，督促施工单位执行标准工艺、相关规范、行业标准及设计图纸要求，重点要求设计单位对沉降观测点设置要求交底，确保沉降观测点满足使用功能及耐久性要求。

案例 2.2　某 220kV 变电站室外 GIS 基础裂缝

监督项目：变电站—基础与地基—设备基础—GIS 基础裂缝。

所属阶段：运维一年内。

监督依据：《变电（换流）站土建工程施工质量验收规范》（Q/GDW 1183—2012）规定，表面质量：表面应平整、坚实，不得有脱落、掉渣、裂缝推挤、烂边，粗细骨料集中等现象。

监督手段：现场检查。

问题简述：站内 GIS 混凝土基础出现裂缝，如图 3-8 所示。

图 3-8　室外 GIS 基础裂缝

问题分析：

（1）GIS 设备基础为大体积混凝土，由于水泥水化过程中释放大量的水化物热，使混凝土结构的温度梯度过大，从而导致混凝土结构出现温度裂缝。

（2）混凝土凝结硬化，在空气中收缩，产生裂缝。

（3）构造不当或施工质量欠佳产生结构性裂缝。

（4）GIS 基础下回填土不均匀，地基发生不均匀沉降导致基础出现开裂。

（5）变形缝设置不合理，裂缝没在设置的变形缝处出现。

处理建议：

（1）加强 GIS 基础沉降监测，排除裂缝是由地基沉降不均匀所导致。

（2）待裂缝发展稳定后，用水冲洗裂缝处，然后涂刷水泥砂浆或将混凝土表面清洗干净并干燥后涂刷改性环氧树脂浆液、沥青、油漆等封护处理。

总结体会：典型问题反映出设计方案不完善、施工工艺达不到要求等原因导致 GIS 基础出现裂缝。应加强对地基处理和大体积混凝土施工工艺的关注。

案例 2.3 某 220kV 变电站混凝土设备基础表皮破损、脱落

监督项目：变电站—基础与地基处理—构筑物基础—设备基础损坏。

所属阶段：运维一年内。

监督依据：《混凝土结构工程施工质量验收规范》（GB 50204—2015）第 8.2.1 条规定，现浇混凝土的外观质量不应有严重缺陷。

监督手段：现场检查，土建施工阶段，验收人员需要对自拌混凝土水质、混凝土配合比进行抽查检验。混凝土冬季施工时，要对混凝土冬季施工方案进行审查。

问题简述：某 220kV 变电站新建工程，基础施工质量较差，投运一段时间后设备支架基础发生表皮破损、脱落情况，如图 3-9 所示。外观不美观，且清水混凝土设备基础表面出现破损、脱落会影响设备基础的耐久性及使用寿命，如果基础有配筋，钢筋由于保护层脱落和空气直接接触，容易发生锈蚀。

问题分析：变电站投运一段时间后发生基础表皮破损、脱落情况，有严重的外观缺陷，不满足《混凝土结构工程施工质量验收规范》（GB 50204—2015）第 8.2.1 条规定，需要及时进行整改。

产生问题的可能原因有：

（1）混凝土采用自拌混凝土，配合比控制不严，施工强度不满足设计要求。

（2）混凝土冬季施工时，未采取控制措施。

（3）自拌混凝土水质不满足要求，造成混凝土化学反应。

（4）施工期间，基础受外力机械碰撞，导致混凝土表面产生破损。

处理建议：本工程基础已施工完成，只能采用补救措施对基础进行修复。

图 3-9　混凝土设备基础表皮破损

如基础还未施工，可对照上述三条原因逐条排查，防止因此出现基础表皮破损、脱落情况。清除混凝土基础表皮部分，用钢丝刷刷净，用压力水或清水冲洗，充分湿润后在缺陷处涂一层水泥砂浆，再用 1∶2 水泥砂浆分层抹补压平压光。如缺陷的面积较大，也可以用喷射混凝土进行修补。抹平或修补后均要认真养护。

总结体会：基础出现表皮破损、脱落等严重外观缺陷问题，暴露出该变电站施工过程中，施工单位对施工标准执行不到位，对工程质量的控制较差，在运行变电站进行基础修复，施工空间有限，设备均带电，有很大的安全隐患。

三、建筑物

案例 3.1　某 220kV 变电站门窗、百叶窗渗漏

监督项目：穿墙套管、门窗密封性与外墙风机防水—现场检查门窗内侧墙体是否有渗水痕迹。

所属阶段：运维一年内。

监督依据：《国家电网公司变电运维管理规定（试行）第27分册　土建设施运维细则》第2.1.5条规定，门窗内侧墙体不应有渗水痕迹。

监督手段：现场检查。

问题简述：该变电站投运一年内，大雨后检查发现窗户周围墙体返潮、渗水，百叶窗处存在雨水倒灌现象，如图3-10所示。

图3-10　站内窗户、百叶窗渗漏雨

问题分析：造成该现象主要由于铝合金窗、百叶窗安装未按《国家电网公司输变电工程标准工艺（三）工艺标准库》（2022年版）施工，大风雨天气大量雨水会溅到窗户上，同时百叶窗、窗户封堵施工工艺不合格，边角存在封堵不严现象，造成雨水从空隙中进入室内，腐蚀内墙墙面。

处理建议：对该站设备室窗户、百叶窗进行统一更换和封堵，消除渗漏雨水缺陷。

总结体会：该缺陷主要暴露出百叶窗和窗户封堵不严。预防该类问题应从百叶窗和窗户施工封堵工艺入手，严格把控新建变电站百叶窗及门窗封堵问题，未投运前或投运一年内，运维人员应对变电站门窗漏雨情况进行全面检查，雨天应及时关闭设备间窗户，出现相关缺陷及时联系施工单位进行处理。

案例 3.2　某 220kV 变电站二层检修平台排水不畅

监督项目：建筑物—平台排水。

所属阶段：运维一年内。

监督依据：《国家电网公司变电运维管理规定（试行）第 27 分册　土建设施运维细则》第 1.7.6 条规定，雨季来临前，应对各排水口进行检查和清理，保证排水通畅。

监督手段：现场检查。

问题简述：运行一年变电站，雨后配电装置楼二层检修平台积水，排水不顺畅，如图 3 - 11 所示。

图 3 - 11　二层检修平台积水

问题分析：

（1）设计阶段雨水口位置设置不合理。

（2）施工阶段，检修平台排水坡度未按照设计要求施工，坡度不够，导致排水不顺畅。

（3）雨水口被杂物封堵。

处理建议：确定排水口是否被杂物封堵，确定建筑找坡是否满足设计图纸要求。

总结体会：施工图阶段检查平台排水图，排水管位置设置是否合理。施工过程中注意排水坡度满足设计要求，避免由于施工原因引起坡度不够造成排水不畅。施工过程中，应充分发挥监理单位作用，做到监督到位。

案例 3.3　某 220kV 变电站钢柱防火涂料脱落

监督项目：建筑物—钢结构防火。

所属阶段：投产前、运维一年内。

监督依据：《变电站装配式钢结构厂房　施工工艺》（2019 年 9 月版）第二章施工标准工艺规定，厚型防火涂料的外观要求应涂层颜色均匀、一致，接槎平整，无明显凹陷，黏接牢固，无粉化松散和浮浆，乳刺已剔除。

监督手段：现场检查。

问题简述：投产前，发现钢结构防火涂料漏喷；运维阶段，钢柱防火涂料脱落，如图 3 - 12 所示。

(a)

(b)

图 3 - 12　钢柱防火涂料脱落

问题分析：

（1）施工过程中，钢结构防火涂料喷洒不均匀，存在漏喷现象。

（2）运维阶段，工具检修设备等原因磕碰钢结构构件，导致防火涂料脱落。

处理建议：对漏喷、脱落的防火涂料进行补喷，耐火极限达到设计图纸要求。

总结体会：钢结构建筑防火性能较差，需对各个构件采取防火措施，施工单位施工水平差异较大，钢结构各个构件漏喷、厚度不足或是防火涂料脱落现象时有发生，给变电站造成极大安全隐患，施工单位应严格按照设计图纸及《变电站装配式钢结构厂房　施工工艺》(2019 年 9 月版）要求进行防火涂料的施工，施工过程中，应充分发挥监理单位作用，做到监督到位。

案例 3.4　设备间地面裂缝

监督项目：外墙穿墙套管、门窗密封与外墙风机防水—现场检查门窗内侧墙体是否有渗水痕迹（地面清洁、无裂纹）。

所属阶段：运维一年内。

监督依据：《国家电网公司变电运维管理规定(试行)　第 27 分册　土建设施运维细则》第 2.1.1 条规定，地面清洁、无积水、无裂纹。

监督手段：现场检查。

问题简述：运维一年内变电站，设备间自流平地面有裂缝现象，如图 3 - 13 所示。

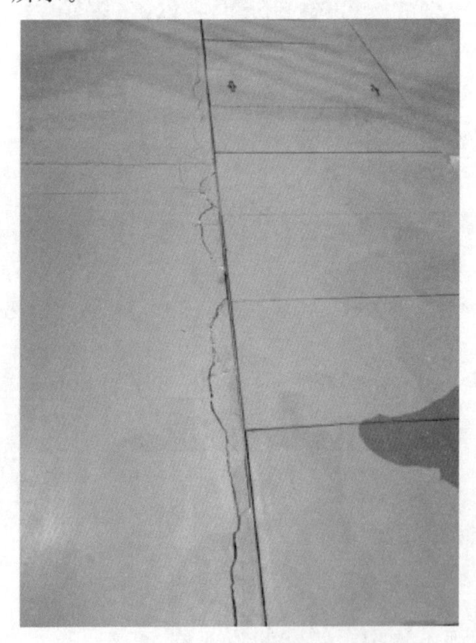

图 3 - 13　设备间地面裂缝

问题分析：

（1）垫层问题导致的开裂，施工时垫层强度不够、开裂，产生空鼓后，经重压产生裂缝。

（2）房心回填土压实系数不满足设计要求。

（3）室内电缆沟存在沉降不均现象。

（4）相邻电缆沟间局部地面部位应力集中，产生裂缝。

（5）面层施工质量不合格，产生细微裂缝。

处理建议：

（1）对于由于沉降引起较大区域裂缝，裂缝及周边区域进行切割开槽，将切缝里的废浆清理干净，裂缝表面须牢固、清洁、无松散物。

（2）将高分子聚合物混凝土修补剂涂刷于缝隙内，表面压平。

（3）对于浅表层细小裂缝，打磨后使用涂料修补。

总结体会：发挥监理人员和质检人员监督职责，督促施工方严格按照设计要求和国网公司标准工艺施工，严把质量关。

案例 3.5　设备间墙面裂缝

监督项目：外墙穿墙套管、门窗密封与外墙风机防水—现场检查门窗内侧墙体是否有渗水痕迹（墙面清洁、无破损）。

所属阶段：运维一年内。

监督依据：《国家电网公司变电运维管理规定（试行）　第 27 分册　土建设施运维细则》第 2.1.1 条规定，墙面清洁、无破损。

监督手段：现场检查。

问题简述：该变电站为钢筋混凝土结构，运行一年内设备房间墙面有裂缝现象，如图 3-14 所示。

问题分析：抹灰厚度大于或等于 35mm 时，未采取防止开裂的加强措施；砌块墙体伸缩裂缝；涂料施工工艺不满足要求；不同材料基体交接处表面的抹灰，未采取防止开裂的加强措施。

处理建议：抹灰工程应分层进行。当抹灰厚度大于或等于 35mm 时，应采取加强措施。不同材料基体交接处表面的抹灰，应采取防止开裂的加强措施，当采用加强网时，加强网与各基体的搭接宽度不应小于 100mm。

总结体会：该典型问题暴露出施工过程中，对规范执行不到位。在今后的工程建设过程中，需认真按照《建筑装饰装修工程质量验收规范》（GB 50210—2018）的要求施工，注重加强网的敷设，且加强网与各基体的搭接宽度不应小于 100mm。后期运行维护时，如发现墙面裂缝及时进行维修。

图 3-14　设备间墙面裂缝

案例 3.6　地下电缆夹层墙面发霉返潮

监督项目：建筑防水—运维检修阶段现场检查（地下室渗漏水现场检查）。

所属阶段：运维一年内。

监督依据：《国家电网公司变电运维管理规定(试行)　第 27 分册　土建设施运维细则》第 2.1.1 条规定，墙面清洁、无破损，内墙无渗漏水痕迹。

监督手段：现场检查。

问题简述：某变电站建筑物地下一层内墙发霉、返潮痕迹明显，如图 3-15 所示。

问题分析：

（1）对墙面防水层、墙体防潮层施工工艺把关不够到位。

（2）夹层室内湿度大，通风效果不好。

处理建议：

（1）内侧墙体重新做防水。

（2）检查电缆夹层通风效果是否满足设计要求。

总结体会：该典型问题反映出在施工图设计阶段，墙体构造、节点大样中

图 3－15　地下电缆夹层墙面发霉

未明确标注外墙防水措施，应加强施工图审核。在施工阶段，应发挥监理人员监督职责，严格把关建筑墙体工艺要求。运维阶段，应加强通风监测，保证通风效果。

案例 3.7　设备间屋面渗水

监督项目：建筑防水—运维检修阶段现场检查（屋面渗漏水情况）。

所属阶段：运维一年内。

监督依据：《国家电网公司变电运维管理规定（试行）　第 27 分册　土建设施运维细则》第 2.2.1.2 条规定，屋面无积水、裂痕、渗漏、鼓肚等。

监督手段：现场检查。

问题简述：变电站运行一年内，大雨过后，设备间屋面有渗水痕迹，如图 3－16 所示。

问题分析：

（1）屋面排水坡度不够、倒坡甚至凹凸不平等现象，导致屋面排水不畅，延长了雨水在屋面滞留的时间，加速了防水材料的老化，也就加速了屋面渗漏的速度。

（2）自然因素，在冬季、夏季和雨季进行防水层施工时，防护措施不当，防水层出现受冻、暴晒或受潮等现象，促进防水材料的老化和变形，导致屋面

图 3-16　设备间屋面渗水

漏雨。

处理建议：更换屋面防水卷材。

总结体会：在女儿墙、屋面构造柱、伸缩缝、屋面设备等细小部位施工时应按照设计、规范和标准图集施工。屋面防水层施工完毕后，应进行蓄水试验或淋水试验。屋面防水层施工完毕后加装空调室外机、屋顶风机等设备时，支架不能直接放置在屋面上，必须安装垫片，防止其破坏屋面防水层。SBS 材料屋顶不能承重，尽量避免人员攀爬屋顶。屋面结构混凝土应振捣密实，预埋管线安装规范等屋面防水卷材施工须严格执行标准工艺要求；运维阶段对建筑屋面防水需定期检修维护。

案例 3.8　电缆夹层外墙渗水

监督项目：装配式变电站站房（现场检查外墙的渗漏水情况）。

所属阶段：运维一年内。

监督依据：依据《变电站装配式钢结构厂房　施工工艺》（2019 年 9 月版）第二章施工标准工艺-7 压顶及收边安装施工标准工艺-工艺标准及施工要点规定，外墙包角板与外墙板搭接长度不小于 120mm；板缝打胶表面应平直、光滑、无裂缝，厚度均匀无气孔；建筑物外墙包角板采用搭接方式，加工折件、上部压下部安装方式采用承插式连接。现场检查外墙渗漏水情况。

监督手段：现场检查。

问题简述：运维一年内变电站，110kV 配电装置楼电缆夹层处梁有渗水现象，如图 3-17 所示。

图 3－17　电缆夹层外墙渗水

问题分析：

（1）施工图设计时未设置台度，最下层外墙板与下部混凝土墙未形成构造防水。

（2）外墙板缝密封不符合要求。

处理建议：

（1）板缝打胶做密封处理。

（2）最下层外墙板与下部混凝土墙之间做密封处理。

总结体会：施工图阶段加大审查力度，检查最下层外墙板与下部混凝土墙之间设置台度，台度按照《变电站装配式钢结构厂房　施工工艺》（2019 年 9 月版）第二章施工标准工艺-13 要求设置。同时施工中外墙板接缝，严格按照《变电站装配式钢结构厂房　施工工艺》（2019 年 9 月版）第二章施工标准工艺-7 压顶及收边安装施工标准工艺-工艺标准及施工要点施工。发挥监理人员和质检人员监督职责，督促施工中严格执行工艺标准。

案例 3.9　电缆夹层内与室外电缆沟接口处地面积水

监督项目：电缆夹层—室外电缆沟接口处。

所属阶段：运维一年内。

监督依据：《国家电网公司变电运维管理规定(试行)　第 27 分册　土建设

施运维细则》第 2.1.2 条规定，地面清洁、无积水、无裂纹。

监督手段：现场检查。

问题简述：运维一年内变电站，大雨过后，电缆夹层与室外电缆沟接口处地面积水，如图 3-18 所示。

图 3-18　电缆夹层与室外电缆沟接口处地面积水

问题分析：

(1) 电缆夹层排水坡度设置不合理，排水不畅。

(2) 电缆夹层内与室外电缆沟接口处施工时封堵不严密。

处理建议：

(1) 合理设置电缆夹层排水坡度。

(2) 加强电缆夹层内与室外电缆沟接口处封堵。

总结体会：电缆夹层排水坡度严格按照施工图施工，保证排水坡度满足设计要求。施工过程中，电缆夹层内与室外电缆沟接口处做好封堵，保证施工质量。

案例 3.10　设备间电缆竖井周围未封堵

监督项目：建筑物—电缆竖井周围封堵。

所属阶段：投产前。

监督依据：《建筑设计防火规范》(GB 50016—2014)(2018 年版) 第 6.2.9 条规定，建筑内的电缆井、管道井应在每层楼板处采用不低于楼板耐火极限的不燃材料或防火封堵材料封堵。

监督手段：现场检查。

问题简述：投产前，设备间电缆竖井周围有缝隙，未进行封堵，如图 3－19 所示。

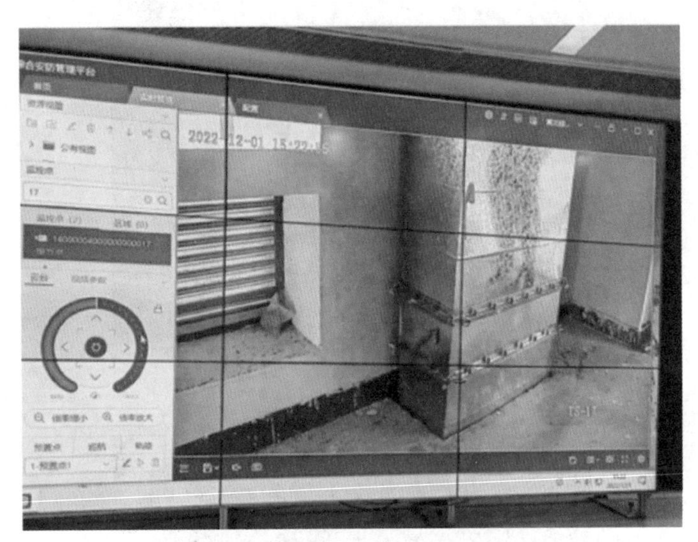

图 3－19　电缆竖井周围未封堵

问题分析：施工中未按照《建筑设计防火规范》（GB 50016—2014）（2018 年版）第 6.2.9 条的规定，建筑内的电缆井、管道井未在每层楼板处采用不低于楼板耐火极限的不燃材料或防火封堵材料封堵。

处理建议：按照规范要求，对电缆竖井周围用防火封堵材料封堵严密。

总结体会：该典型问题暴露了在施工过程中，规范执行不到位，遗漏部分电缆竖井周围空隙未封堵，在工程竣工后，给变电站运行遗留安全隐患。在今后的工程中，要严格按照规范执行孔洞封堵，避免遗漏。

案例 3.11　配电装置楼出屋面设施泛水高度不满足要求

监督项目：建筑物—屋面设施泛水高度。

所属阶段：竣工验收阶段。

监督依据：《屋面工程技术规范》（GB 50345—2012）、《变电（换流）站土建工程施工质量验收规范》（Q/GDW 10183—2021）。

监督手段：现场测量检查。

问题简述：某 220kV 变电站出屋面设施较多，出屋面管道泛水高度小于 300mm（图 3－20）、空调室外机底座、屋顶风机口泛水高度不足 250mm（图 3－21）。

图 3-20　出屋面管道泛水高度小于 300mm

图 3-21　出屋面空调室外机底座泛水高度不足 250mm

问题分析：

（1）施工中未按照规范要求满足出屋面设施泛水应达到的高度要求，施工人员对规范不掌握或是责任心不强。

（2）监理监管不到位，屋面施工问题容易遗漏。

处理建议：不满足泛水高度设施重新做泛水，出屋面管道泛水高度不小于300mm，空调室外机底座、屋顶风机口泛水高度不小于250mm。

总结体会：

（1）施工人员水平参差不齐，应加强施工人员培训，使其熟悉相关规程规范。

（2）监理单位应加强此方面监督，避免出现屋面设施泛水高度不满足要求，以免后期下大雨后屋面容易渗水。

案例3.12　钢结构台度

监督项目：钢结构—外墙台度。

所属阶段：竣工验收阶段。

监督依据：《变电站装配式钢结构厂房　施工工艺》（2019年9月版）第二章施工标准工艺-13台度-施工要点中构造要求规定，当设计无明确要求时，外墙台度宜与最下层外墙板及下部混凝土墙形成构造防水，排水坡度不小于5%，突出墙面宽度10～20mm。当不能采用构造防水时，应设置内外两道防水。外墙台度应与最下层外墙板及下部混凝土墙贴合密闭，防护虫鼠灾害。

监督手段：现场检查。

问题简述：钢结构外墙台度未与最下层外墙板及下部混凝土墙贴合密闭，缝隙较大，如图3-22所示。

问题分析：本工程设计没有明确要求，应设置构造防水。而施工现场未做构造防水，导致外墙板及下部混凝土墙缝隙较大。

处理建议：施工现场进行构造防水，排水坡度不小于5%，突出墙面宽度10～20mm，外墙台度应与最下层外墙板及下部混凝土墙贴合密闭。改造后外墙板与下部混凝土墙做好密封，如图3-23所示。

总结体会：如设计有要求时，按照图纸施工；如设计无要求时，施工单位应进行构造防水，施工单位应了解此要求，加大技术监督项目宣贯。

图 3－22　外墙板与下部混凝土墙
未做构造防水，未密封

图 3－23　改造后外墙板
与下部混凝土墙做好密封

四、架空线路基础

案例 4.1　基础表面存在裂缝、破损

监督项目：基础本体表观检查。

所属阶段：施工阶段、竣工验收阶段。

监督依据：设计文件。

监督手段：现场观察检查。

问题简述：某 500kV 架空输电线路，基础本体存在裂缝，由基础顶部延伸至侧面，基础本体存在局部破损，如图 3-24 所示。

图 3-24　基础本体裂缝及破损

问题分析：

（1）线路全线采用商品混凝土，存在施工地点距离搅拌站较远的情况，这时预拌混凝土厂家往往在混凝土中掺入较多的外加剂，运送至现场时容易产生离析、水泥发生水化反应等问题，降低水泥水化物与骨料黏结作用，从而影响混凝土质量。

（2）施工过程中混凝土养护不善。混凝土浇筑振捣密实后，适当的温度与湿度是保证水泥水化的重要条件，养护不当如洒水保湿不及时、温度过低或过高时成品保护不到位等均易导致混凝土表面收缩裂缝的产生。

（3）混凝土运输时间过长，导致混凝土强度较低或现场成品保护措施不当，其他分部分项工程施工过程中对基础成品造成破坏。

处理建议：裂缝部位进行灌缝修补处理，破损部分修复完整。

总结体会：

（1）施工单位在组织施工前，应综合考虑运输距离、混凝土性质等因素；采用预拌混凝土应根据所在地区及施工因素合理设计配合比，长距离运输的应控制外加剂添加量，并试验验证混凝土性能；运至应先检验和易性，不得二次加水，不满足要求的混凝土严禁使用。

（2）混凝土配合比设计中，优先采用低水化热的矿渣水泥，适当使用缓凝减水剂；优化配合比，适当降低水灰比，减少水泥用量。

（3）在混凝土初凝时（表面失水前）就采取合理的措施进行养护，合理安排混凝土浇筑时间，避免昼夜温差过大，在混凝土浇筑后 7 天内，要经常检查养护措施落实情况，始终保持混凝土处于湿润状态。做好成品基础的保护、合理安排施工工序。

案例 4.2　基础保护帽存在裂缝、破损

监督项目：基础本体表观检查。

所属阶段：施工阶段、竣工验收阶段。

监督依据：设计文件。

监督手段：现场观察检查。

问题简述：某架空输电线路，基础保护帽存在裂缝，由加劲肋边缘延伸至基础边缘，部分保护帽存在破损，部分基础保护帽未设向外的排水坡度，如图 3－25 所示。

问题分析：

（1）施工过程中混凝土养护不善。混凝土浇筑振捣密实后，适当的温度与湿度是保证水泥水化的重要条件，养护不当如洒水保湿不及时、温度过低或过

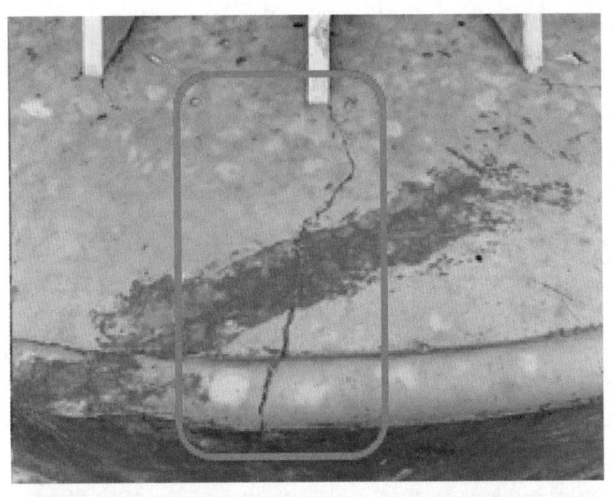

图 3－25　基础保护帽裂缝及破损

高时成品保护不到位等均为导致混凝土表面收缩裂缝的产生原因。

(2) 保护帽破损主要原因是现场成品保护措施不当，其他分部分项工程施工过程中对基础成品造成破坏。

(3) 施工单位在螺栓安装完成后未及时进行保护帽施工或采取其他的阻锈措施，保护帽顶部未按照设计要求留设排水坡度等。

处理建议：裂缝部位进行灌缝修补处理，破损部分修复完整。

总结体会：

(1) 混凝土配合比设计中，优先采用低水化热的矿渣水泥，适当使用缓凝减水剂；优化配合比，适当降低水灰比，减少水泥用量。

(2) 在混凝土初凝时（表面失水前）就采取合理的措施进行养护，合理安排混凝土浇筑时间，避免昼夜温差过大，在混凝土浇筑后7天内，要经常检查养护措施落实情况，始终保持混凝土处于湿润状态。做好成品基础的保护、合理安排施工工序。

(3) 设计单位应绘制基础保护帽施工详图，施工单位按照设计方案进行保护帽施工。保护帽施工前，应将接触部分的基础打毛、冲洗干净后，方可浇筑保护帽，保护帽应采用细石混凝土浇制，并振捣密实，保护帽的顶部应设斜面作为散水，坡度不小于3%。

案例4.3 护坡设计深度不足

监督项目：护坡设置检查。

所属阶段：施工阶段、竣工验收阶段。

监督依据：设计文件。

监督手段：现场检查设计文件。

问题简述：某500kV架空输电线路，施工图图纸中未明确杆塔基础砌体护坡石料强度、砂浆强度。

问题分析：施工图设计深度不足。

处理建议：设计单位提高设计深度，按照《建筑边坡工程技术规范》(GB 50330—2013)、《架空输电线路基础设计技术规程》(DL/T 5219—2014) 等规程规范要求，明确砌体护坡石料强度不应低于MU30，浆砌块石、片石、卵石护坡的厚度不宜小于250mm，预制块的混凝土强度等级不应低于C20，厚度不小于150mm。块石挡土墙的墙顶宽度不宜小于400mm，石块立体边长应大于300mm，砌筑砂浆强度不低于M10级。

总结体会：施工图设计阶段，设计单位提高设计深度，施工图评审阶段，评审单位应提升评审深度，施工图交底阶段，交底各方单位对设计图纸中未明确的事项应提出。

案例 4.4 护坡未设伸缩缝

监督项目：护坡设置检查。

所属阶段：施工阶段、竣工验收阶段。

监督依据：设计文件。护坡每隔 10m 设置一道伸缩缝，缝宽为 20mm，沉降缝内用沥青麻絮或者沥青模板条填塞，填塞入护坡深度不小于 100mm。

监督手段：现场检查。

问题简述：某架空输电线路基础砌体护坡长约 20m，未设置伸缩缝。

问题分析：施工单位忽视设计图纸中对伸缩缝的设置要求，未按设计图纸要求留设伸缩缝。

处理建议：施工单位严格按图纸施工。

总结体会：设计单位对伸缩缝、沉降缝的设置要求在设计交底时进行专项说明；施工、监理单位应做好施工图会检，发现不明确的事项，应及时与设计单位沟通确定技术要求，并严格按设计要求施工，缝中应填塞沥青麻筋或其他有弹性的防水材料，填塞深度不应小于 150mm。

案例 4.5 基础周围填土未压实

监督项目：基础本体表观检查。

所属阶段：施工阶段、竣工验收阶段。

监督依据：基础周围保护土层不应流失、塌陷。

监督手段：现场检查。

问题简述：某 500kV 架空输电线路部分基础周围有枯叶等杂物堆积、未进行有效回填及压实，如图 3-26 所示。

问题分析：

（1）该工程基础周围回填土未按照规范要求选取。

（2）施工单位未按照要求对基础周围进行回填及压实处理，导致基础一侧外露。

处理建议：

（1）根据《建筑地基处理技术规范》（JGJ 79—2012）第 6.2.2 条第 1 款规定，压实填土的填料可选用粉土、灰土、粉煤灰、级配良好的砂土或碎石土，以及质地坚硬、性能稳定、无腐蚀性和无放射性危害的工业废料等，不得使用淤泥、耕土、冻土、膨胀土以及有机质含量大于 5%的土料。

（2）施工单位按照设计要求清理场地杂填土及杂物，选用合格的回填土料

图 3-26　基础周围保护土层流失、塌陷

完成回填并压实，压实系数不小于 0.94。

总结体会：典型问题反映出施工单位塔基周边回填土压实工序存在疏漏，应加强对地基处理技术规范的理解，严格按照要求进行塔基回填压实。

案例 4.6　水中基础未采取防冲刷措施

监督项目：杆塔基础防护措施检查。

所属阶段：施工阶段。

监督依据：《架空输电线路基础设计技术规程》（DL/T 5219—2014）第3.0.6条和第3.0.11条规定，基础设计应根据基础周边地下水、环境水、土壤对其可能腐蚀的情况采取适宜有效的防护措施。

监督手段：现场检查。

问题简述：某线路工程部分路径位于河道中，现场监督过程中未发现防冲刷措施。

问题分析：设计单位未考虑流水动压力、漂浮物撞击、冻融期的拥冰堆积作用对基础的影响。

处理建议：补充防冲刷措施。

总结体会：设计单位应提高设计意识，对水中立塔的基础，充分考虑洪水冲刷、流水动压力、漂浮物撞击、冻融期的拥冰堆积等作用影响，采取针对性的防冲刷及漂浮物撞击的措施。

附录一　施工图审核阶段检查清单

施工图审核阶段检查清单

项目名称：					
类　型	资　料	项　　目	方　　法		整改意见
GIS 基础沉降	GIS 设备基础施工图	沉降监测范围及要求的内容、监测设施的布置	按要求沉降观测点设置	□是　□否	
压实填土	土建总说明、结构施工图	核查压实系数控制值	压实系数		
	四通一平、建筑基础施工图	核查压实填土的填料选择是否满足规范要求	填料		
			粒径		
建筑防水及构件位置监督	地下室防水混凝土设计尺寸	防水混凝土结构厚度尺寸	结构厚度	□≥250mm □<250mm	
		防水混凝土迎水面钢筋保护层厚度	迎水面保护层厚度	□≥50mm □<50mm	
	构件设置位置	屋顶风机及雨水管设置情况	满足相关规范和防质量通病要求	□是　□否	
		钢结构隅撑设置位置	是否与电气设备冲突	□是　□否	
其他					

附录二　施工阶段现场检查清单

施 工 阶 段 检 查 清 单

项目名称：					
类　型	项　目	方　　法		备　　注	整改意见
GIS基础沉降	GIS基础混凝土结构实体有无严重贯穿性裂缝	否			
		是	最大宽度：mm 位置：		
	基准点、工作基点设置	数量	□≥3　□<3	《电力工程施工测量标准》11.1.5	
		防护和标识牌	□是　□否	《电力工程施工测量标准》11.4.9	
		稳定状态	□是　□否		
		满足规范	□是　□否		
	沉降观测点设置	按图布设	□是　□否		
		牢固	□是　□否	《电力工程施工测量标准》11.4.9	
		符合标准工艺	□是　□否		
		合理	□是　□否		
		名牌按要求设置	□是　□否		
	观测级别及精度	优于DS05水准仪	□是　□否	精度优于±0.5mm/km；《电力工程施工测量标准》11.1.2、11.3.4	
		因瓦水准尺	□是　□否		
		观测等级满足要求	□是　□否	500kV及以上	
	观测时间、频率、周期	满足要求	□是　□否	整个施工期观测原则上不少于3次；建议：基础完成1次，设备安装完成1次，施工期间隔3个月观测1次	
		记录是否完整	□是　□否		
		数据是否及时分析	□是　□否		
	沉降观测成果表及观测技术报告等成果资料	数据是否准确	□是　□否		
		是否有图	□是　□否	平面位置图、观测点及基准点分布图	
		沉降过程曲线	□是　□否		
		技术报告	□是　□否	成果作为运检阶段对比数据，并计算沉降速率及沉降差	

续表

类型	项目	方法		备注	整改意见
回填土压实	采用砂和砂石地基的材料检查	隐蔽工程验收记录		砂石材料配合比、压实系数、地基承载力、石料粒径、含水率、砂石料有机质含量、砂石料含泥量、分层厚度等内容是否满足规范要求	
		砂和砂石地基检验批质量验收记录			
	压实填土压实系数	土壤击实试验报告	ρ_{dmax}		
		土壤压实度检测报告	ρ_{dmax}		
		分层压实施工记录			
		工程验收记录			
		施工过程照片			
		试验取样照片			
	回填土压实系数及地基承载力特征值检查	土壤击实试验报告	ρ_{dmax}		
		土壤压实度检测报告	ρ_{dmax}		
		地基分层压实施工记录			
		工程验收记录			
		施工过程照片			
		试验取样照片			
		地基承载力特征值报告	□合格 □不合格		
	场地平整及二次回填材料压实系数(实测实量)	土壤击实试验报告	ρ_{dmax}		
		土壤压实度检测报告	ρ_{dmax}		
		地基分层压实施工记录			
		工程验收记录			
		施工过程照片			
		试验取样照片			
		回填材料	□合格 □不合格		

续表

类型	项目	方法		备注	整改意见
回填土压实	边坡及填方挡土墙的填料、原材料及压实系数	土壤击实试验报告	ρ_{dmax}	边坡坡率、填料、压实系数、标高等项目进行检验	
		土壤质量密度试验报告	ρ_{dmax}		
		边坡回填土分层压实施工记录			
		填方边坡施工质量检验报告			
		工程验收记录			
		施工过程照片			
		试验取样照片			
	检查设计提出有监测要求的边坡是否制定了监测方案	监测方案	□有 □无		
		监测项目	□有 □无		
		监测目的	□有 □无		
		监测方法	□有 □无		
		测点布置	□有 □无		
		报警值	□有 □无		
		信息反馈制度	□有 □无		
		仪器设备及人员安排	□有 □无		
	挡土墙的砌体结构质量、泄水孔与疏水层设置检查	挡土墙回填土分层夯实施工记录	□有 □无	分层夯填密实	
		墙顶排水坡度	□有 □无		
		挡土墙、护坡石料选择、砂浆等级、配合比施工记录	□有 □无		
		挡土墙泄水孔尺寸检查	□合格 □不合格	泄水孔直径不应小于50mm，泄水孔与土体间应设置长度不小于300mm、厚度不小于200mm的卵石或碎石疏水层，泄水孔采用110mm PVC管	
		挡土墙泄水孔外观质量检查	□合格 □不合格	砌块要分层错缝，浆砌时坐浆挤紧，嵌缝后砂浆饱满，无空洞现象；干砌时不松动、叠砌和浮塞；砌体坚实牢固，边缘顺直，无脱落现象	

续表

类型	项　目		方　　法		备　　注	整改意见
建筑防水	地下室防水混凝土		防水混凝土结构厚度	□≥250mm □<250mm		
			防水混凝土迎水面钢筋保护层厚度	□≥50mm □<50mm		
			混凝土施工配合比设计报告	□是　□否		
			试配要求比设计值提高	□0.2MPa □否		
			试配等级比设计值提高	□一级　□否		
			混凝土抗渗性能检测报告	□合格 □不合格		
			混凝土抗压强度检验报告	□合格 □不合格		
			强度评定表	□合格 □不合格		
	构件位置	屋顶风机及雨水管设置	屋顶风机位于带电部位上方	□是　□否		
			雨水口出水口指向电气设备	□是　□否		
			雨水口墙体内排水	□是　□否		
		现场核查钢结构隅撑设置位置	冲突	□是　□否		
			影响设备检修与运行	□是　□否		
	重点易渗漏部位防水密封	出屋面设施泛水高度检测	≥250mm	□是　□否	空调室外机底座、屋顶风机口，面层可按50mm厚度考虑《屋面工程技术规范》4.11.19	
			≥300mm	□是　□否	出屋面管道，面层可按50mm厚度考虑《变电（换流）站土建工程施工质量验收规范》(Q/GDW 10813—2021)	
			泛水收口	□管箍 □压条　□无		
			质量问题	□脱胶 □鼓包 □开裂 □无		

续表

类型	项　目		方　　法		备　　注	整改意见
建筑防水	重点易渗漏部位防水密封	女儿墙泛水高度检测	≥250mm	□是　□否	面层可按50mm厚度考虑	
			泛水收口	□压边 □密封胶 □防水压条 □无		
			质量问题	□脱胶 □鼓包 □开裂　□无		
			压顶内向排水坡度≥5%	□是 □否		
			泛水完整	□是 □否		
			滴水处理	□滴水线 □鹰嘴 □无		
			压顶表面开孔	□是 □否	《变电站装配式钢结构厂房　施工工艺》（2019年9月版），第二章	
			防水卷材铺贴至压顶下口	□是 □否	《变电站装配式钢结构厂房　施工工艺》（2019年9月版），第三章	
		穿墙套管	倾斜角	□合格 □不合格		
			防水密封严实、牢固	□是 □否		
		钢结构台度	台度做法满足施工工艺	□是 □否	排水坡度不小于5%，突出墙面宽度10～20mm。外墙台度应与最下层外墙板及下部混凝土墙贴合密闭，防护虫鼠灾害。墙角转角处台度应采用预制整体台度	
		室外平台	室外平台应向水落口找坡，与外墙交接处设置挡水坎及台度	□是 □否		

续表

类型	项目	方法		备注	整改意见
架空线路基础监督	基础本体表观检查	基础表面水泥是否脱落	□是　□否		
		基础表面钢筋是否外露	□是　□否		
		装配式、插入式基础是否出现锈蚀	□是　□否		
		基础周围保护土层是否流失、塌陷	□是　□否		
	基础混凝土质量强度检查	混凝土强度是否满足设计要求	□是　□否		
		运输时间	□＞90min □≤90min		
	挡土墙尺寸和设置检查	高度	□＞8m □≤8m		
		块石挡土墙墙顶宽度	□≥400mm □＜400mm		
		石块立体边长	□＞300mm □≤300mm		
		砌筑砂浆强度	□≥M10 □＜M10		
		混凝土挡土墙墙顶宽度	□≥200mm □＜200mm		
		混凝土强度	□≥C20 □＜C20		
		是否每 $2m^2$ 设置一个泄水孔	□是　□否		
	护坡设置检查	是否每隔 10m 设置一道伸缩缝	□是　□否		
		伸缩缝宽度	□≥20mm □＜20mm		
		沉降缝内是否填塞沥青麻絮或沥青模板条	□是　□否		
		沉降缝内填塞深度	□≥100mm □＜100mm		

续表

类型	项　目	方　　法		备　　注	整改意见
架空线路基础监督	排水沟设置检查	排水沟是否堵塞、填埋或淤积	□是　□否		
		排水沟是否坍塌或破损	□是　□否		
		排水孔边长或直径	□≥100mm □<100mm		
		排水孔外倾斜坡度	□≥5% □<5%		
		排水孔间距	水平间距： □≥2m □<2m 垂直间距 □≥1m □<1m		
		排水沟距基础边缘距离	□≥5m □<5m		
		排水沟外路面是否用M10水泥砂浆勾缝或抹面	□是　□否		
	基础防护措施检查	是否采取了防冲刷及漂浮物撞击措施	□是　□否		
	桩身混凝土强度及保护层厚度检查	桩身混凝土强度等级	□≥C25 □<C25		
		混凝土预制桩尖强度等级	□≥C30 □<C30		
		主筋保护层厚度	□≥35mm □<35mm		
		水下灌注桩主筋保护层厚度	□≥50mm □<50mm		
	桩基检测核查	数量	根		
		结果			
		检测方法			
其他					

附录三　运维检修阶段现场检查清单

运维检修阶段检查清单

<table>
<tr><td colspan="6">项目名称：</td></tr>
<tr><th>类型</th><th>项　目</th><th colspan="2">方　法</th><th>备　注</th><th>整改意见</th></tr>
<tr><td rowspan="7">GIS基础沉降</td><td rowspan="2">GIS基础混凝土结构实体有无严重贯穿性裂缝，与投运时比较变化情况</td><td colspan="2">□无裂缝</td><td></td><td></td></tr>
<tr><td colspan="2">最大宽度：　mm　位置：
比投运阶段宽：　mm</td><td></td><td></td></tr>
<tr><td>工作基点设置复核</td><td>稳定状态</td><td>□是　□否</td><td></td><td></td></tr>
<tr><td rowspan="4">不均匀沉降趋势判别</td><td>沉降观测分析报告</td><td>□是　□否</td><td></td><td></td></tr>
<tr><td>实测沉降差</td><td>□是　□否</td><td>判定相邻两点是否存在不均匀沉降趋势</td><td></td></tr>
<tr><td>资料报告复核</td><td>□合格　□不合格</td><td>结合施工阶段建立的工程平面位置图及基准点分布图、监测点位分布图、监测成果表、时间-荷载-竖向位移量曲线、监测技术报告等成果资料，核查和分析是否存在异常情况</td><td></td></tr>
<tr><td>沉降速率复核</td><td>□合格　□不合格</td><td>当最后100d的竖向位移速率小于0.01～0.04mm/d时，可认为进入稳定阶段</td><td></td></tr>
<tr><td rowspan="5">回填土压实</td><td>站区是否存在沉降</td><td>站内场地、基坑填土是否存在沉降、塌陷等质量缺陷</td><td>□是　□否</td><td></td><td></td></tr>
<tr><td>边坡</td><td>是否存在裂缝、滑移等情况</td><td>□是　□否</td><td></td><td></td></tr>
<tr><td rowspan="3">复核一级边坡的监测数据是否满足规范要求</td><td>顶邻近建筑物出现新裂缝、原有裂缝有新发展</td><td>□是　□否</td><td></td><td></td></tr>
<tr><td>支护结构中有重要构件出现应力骤增、压屈、断裂、松弛或破坏的迹象</td><td>□是　□否</td><td></td><td></td></tr>
<tr><td>边坡底部或周围岩土体已出现可能导致边坡剪切破坏的迹象或其他可能影响安全的征兆</td><td>□是　□否</td><td></td><td></td></tr>
<tr><td>其他</td><td></td><td></td><td></td><td></td><td></td></tr>
</table>

附录四　检查记录单

检 查 记 录 单

<table>
<tr><td>工程名称</td><td colspan="3"></td></tr>
<tr><td>建设单位</td><td colspan="3"></td></tr>
<tr><td>监督阶段</td><td></td><td>监督日期</td><td></td></tr>
<tr><td colspan="4">检查记录</td></tr>
<tr><td colspan="2">问题类型</td><td colspan="2">问题描述</td></tr>
<tr><td colspan="2"></td><td colspan="2"></td></tr>
<tr><td colspan="2"></td><td colspan="2"></td></tr>
<tr><td colspan="2"></td><td colspan="2"></td></tr>
<tr><td colspan="2"></td><td colspan="2"></td></tr>
<tr><td colspan="2"></td><td colspan="2"></td></tr>
<tr><td colspan="2"></td><td colspan="2"></td></tr>
<tr><td>监督人员</td><td></td><td>施工人员</td><td></td></tr>
</table>

附录五　整改落实情况单

________工程问题整改落实情况单

监督阶段			监督时间	
整改情况				
序号	问题类型	具体问题	整改措施	完成情况
1		1. 2. 3.	1. 2. 3.	1. 2. 3.
2				
3				
4				
5				
施工单位意见 项目经理： 日　期：　年　　月　　日		业主项目部审核意见 项目经理： 日　期：　年　　月　　日		监督单位意见 审核人员： 日　期：　　年　　月　　日